もしも雑《ざっ》草《そう》がクラスメイトだったら

キャラクターで特徴がわかる身近な雑草図鑑

雑草研究者 農学博士
稲垣栄洋

GENTOSHA
幻冬舎

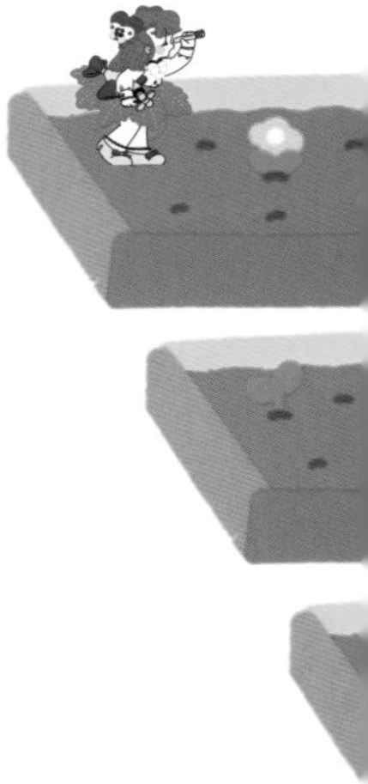

キーンコーンカーンコーン。
ここはみんなの学校《がっこう》。

わたしたちは、
学校《がっこう》に生《は》えるいろいろな草《くさ》。
タンポポ、ヨモギ、シロツメクサなど
ふだん、雑草《ざっそう》と呼《よ》ばれています。

お花屋《はなや》さんに並《なら》んでいるような
はでな植物《しょくぶつ》と比《くら》べると、
あまり目立《めだ》たない、地味《じみ》な植物《しょくぶつ》って思《おも》われがち。

だけど、わたしたちひとりひとり、
名前《なまえ》も、生《は》えている場所《ばしょ》も、見《み》た目《め》もちがう。
もしも、わたしたちがクラスメイトだったら、
おしとやかとか、自己主張《じこしゅちょう》が強《つよ》いとか
のんびりやとか
そんなふうにも、いえるんじゃないかな？

そんな「雑草《ざっそう》のクラスメイト」たちを
担任《たんにん》の先生《せんせい》に紹介《しょうかい》してもらいました。
わたしたちは、けっこう近所《きんじょ》にいるので、
ぜひ、会《あ》いにきてくださいね。

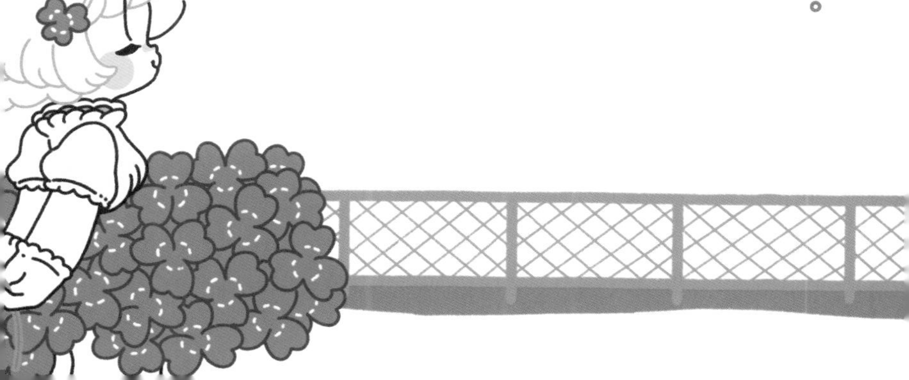

この本《ほん》の見《み》かた

雑草《ざっそう》がよく見《み》られる時期《じき》は季節《きせつ》によって変《か》わります
この本《ほん》では春《はる》・夏《なつ》・秋《あき》に分《わ》けて
紹介《しょうかい》しています

見《み》られる時期《じき》が
わかります。

春のクラスメイトたち

学名《がくめい》は生物《せいぶつ》の分類《ぶんるい》に使《つか》われる
世界共通《せかいきょうつう》の名前《なまえ》です（本名《ほんみょう》みたいなものですね）。

Taraxacum officinale

セイヨウタンポポ

もしも雑草《ざっそう》がクラスメイトだったら？

担任から

彼女《かのじょ》はヨーロッパ生《う》まれで、誰《だれ》でも知《し》っている人気者《にんきもの》です。
タンポポは英語《えいご》で「ダンデライオン」。
これは「ライオンの歯《は》」という意味《いみ》です。
葉《は》っぱのギザギザがライオンのキバに見《み》えることから、
そう名《な》づけられました。
ヨーロッパでは葉《は》っぱを野菜《やさい》として食《た》べるので、
葉《は》っぱから名前《なまえ》がつけられているんですね。
花《はな》の下《した》の「総包片《そうほうへん》」が、外側《そとがわ》に反《そ》り返《かえ》っているのが特徴《とくちょう》です。
物知《ものし》りのセイヨウタンポポさんのことですから、
これくらいのことは知《し》っていたかもしれませんね。

雑草《ざっそう》の先生《せんせい》が
もっと詳《くわ》しい説明《せつめい》を
してくれます。

やっほー！　セイヨウタンポポだよー！
私《わたし》は色々《いろいろ》なところを旅《たび》して、色々《いろいろ》なものを見《み》てきたから、
色々《いろいろ》なことを知《し》っているよー！
外《そと》の世界《せかい》のことも、けっこう知《し》っているつもり。
ほかのクラスメイトより、少《すこ》しは物知《ものし》りかな？
だからみんなから「勉強教《べんきょうおし》えてー」ってよく言《い》われるの。

雑草《ざっそう》がそれぞれ
自分《じぶん》のことを
話《はな》しています。

漢字《かんじ》で書《か》くと
かっこいいでしょ？

西《せい》洋《よう》蒲公英《たんぽぽ》

これが本当《ほんとう》の姿《すがた》だよ。
同《おな》じページの草《くさ》は
大《おお》きさのちがいを
比《くら》べてみよう。

キク科《か》
タンポポ属《ぞく》
多年草《たねんそう》
20~30cm程度《ていど》
校舎周辺《こうしゃしゅうへん》、校庭《こうてい》のすみ

本当《ほんとう》の雑草《ざっそう》のことがわかる雑草図鑑《ざっそうずかん》パート

この図鑑《ずかん》パートで　わかること

科《か》と属《ぞく》（分類《ぶんるい》）

似《に》た草《くさ》を集《あつ》めたグループを属《ぞく》というよ。さらに似《に》た属《ぞく》を集《あつ》めたのが科《か》なんだ（調《しら》べるときに役立《やくだ》つよ）。

生《せい》活《かつ》形《けい》

一年草《いちねんそう》…種子《しゅし》から発芽《はつが》して、開花《かいか》・結実《けつじつ》し、1年以内《ねんいない》に枯《か》れる植物《しょくぶつ》。

二年草《にねんそう》…種子《しゅし》から発芽《はつが》して、開花《かいか》・結実《けつじつ》し、2年以内《ねんいない》に枯《か》れる植物《しょくぶつ》。

越年草《えつねんそう》…秋《あき》に発芽《はつが》して冬《ふゆ》を越《こ》し、次《つぎ》の春《はる》に開花《かいか》・結実《けつじつ》して枯《か》れる植物《しょくぶつ》。

多年草《たねんそう》…2年以上生存《ねんいじょうせいぞん》し続《つづ》ける植物《しょくぶつ》。

これを知《し》っておくと草《くさ》の寿命《じゅみょう》や花《はな》の見《み》られる時期《じき》もわかりやすい？

草《くさ》丈《たけ》

草《くさ》の身長《しんちょう》だね。

生《は》える場《ば》所《しょ》

その草《くさ》が見《み》つかりそうなところだよ。

学校内《がっこうない》で雑草《ざっそう》が見《み》られそうな場所《ばしょ》

季節《きせつ》ごとの扉《とびら》のページを見《み》てみよう。

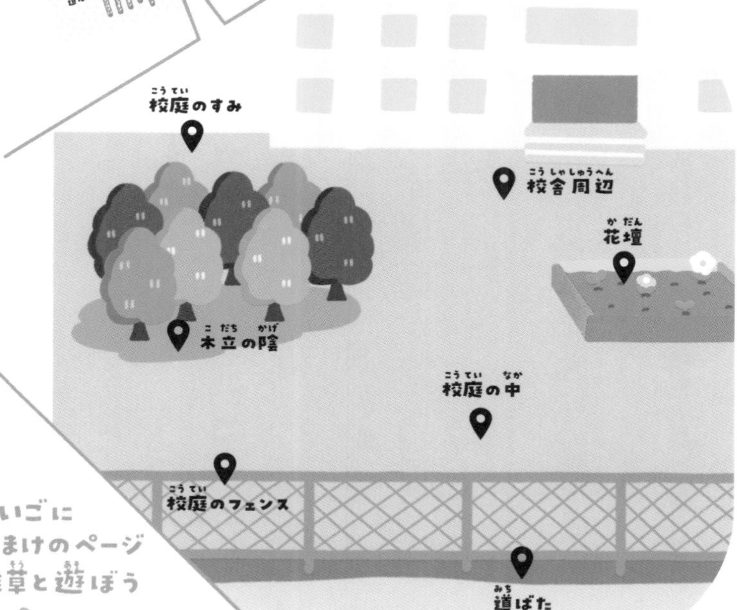

さいごに
おまけのページ
雑草《ざっそう》と遊《あそ》ぼう

※ほかの季節《きせつ》でも見《み》られる種類《しゅるい》もあります。

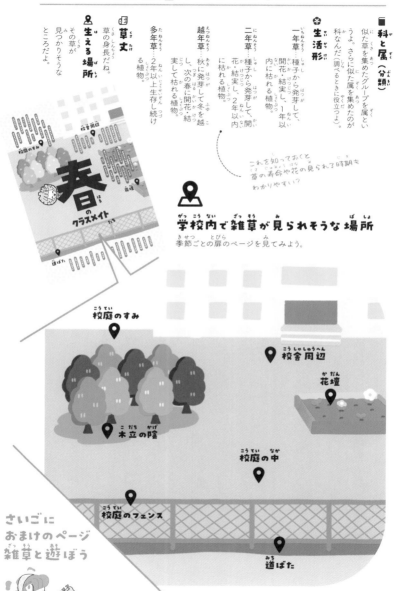

もくじ

夏《なつ》のクラスメイトたち

秋《あき》のクラスメイトたち 97

冬《ふゆ》

コラム

おまけ

○○っぽい雑《ざっ》草《そう》探《さが》しゲーム

雑《ざっ》草《そう》の伝《でん》説《せつ》をつくろう

雑《ざっ》草《そう》の写《しゃ》真《しん》にセリフをつけてみよう

何《なに》が芽《め》を出《だ》す？ふしぎな植《うえ》木《き》鉢《ばち》ゲーム

「自《じ》分《ぶん》草《そう》」をつくってみよう

保護者のかたへ

校庭や道ばた、公園など、雑草は色々な場所に生えています。「雑草」という名前の雑草はありません。ひとつひとつにちゃんと名前があります。そして、一年中同じものが見られるわけではありません。種類によって、春によく見かけるもの、夏によく見かけるものなど、生えている時期や花が咲く時期はさまざまです。

また、乾いた場所に生えるもの、湿った場所に生えるものなど生える場所もさまざまです。人に踏まれるととても弱ってしまう種もあれば、踏まれることに強い種もあり、性質もいろいろあります。雑草たちは、それぞれの強みを発揮できる場所で生きています。人と同じように、雑草たちにも〝個性〟があるのです。

本書では、足元に広がっている身近な雑草たちを、もっともっと身近に感じてほしいので、雑草を一種類ずつ「学校のクラスメイト」に見立てて、キャラクター化してみました。そして、雑草のクラスの「担任の先生」が、ひとりずつにコメントしていきます。

自分と似ている雑草や、友だちに似ている雑草、友だちになりたい雑草などを見つけられるとおもしろいと思います。

そしてぜひ、実際に生えている雑草を探してみてください。

春《はる》のクラスメイトたち
校庭《こうてい》のすみ
スズメノエンドウ
ムラサキサギゴケ
ナズナ
ホトケノザ
トキワハゼ
ヒメオドリコソウ
セイヨウタンポポ
スミレ
ジシバリ
マツバウンラン
ニホンタンポポ
ヒメツルソバ
カスマグサ
カラスノエンドウ
校舎周辺《こうしゃしゅうへん》
オオイヌノフグリ
セイヨウタンポポ
タチイヌノフグリ
チチコグサモドキ
スギナ
ハコベ
ヒメジョオン
ハルジオン
オランダミミナグサ
キュウリグサ
花壇《かだん》
オオイヌノフグリ
ナズナ
タチイヌノフグリ
ムラサキサギゴケ
ハハコグサ
キュウリグサ
チチコグサモドキ
ビオラ
オランダミミナグサ
トキワハゼ
ハコベ
ホトケノザ
道《みち》ばた
ハハコグサ
チチコグサ
キュウリグサ
ニホンタンポポ
ジシバリ
カラスノエンドウ
スズメノエンドウ
カスマグサ
オニタビラコ
ナズナ
スミレ
マツバウンラン
スギナ
ハルジオン
ヒメジョオン
ヒメツルソバ

Lamium amplexicaule

ホトケノザ

Lamium purpureum

ヒメオドリコソウ

私《わたし》の名前《なまえ》は「仏《ほとけ》の座《ざ》」。
仏《ほとけ》さまのように、あたたかくて
みんなをやさしく包《つつ》み込《こ》む。だけど、仏《ほとけ》さまだって、
言《い》うときは言《い》う。ダメなときは、ダメって言《い》う。
フワッとしてると言《い》われることも多《おお》いけれど、
私《わたし》は本当《ほんとう》は正義感《せいぎかん》が強《つよ》いの。

担任から

ホトケノザさんは春《はる》の花壇《かだん》でよく見《み》かけます。
甘《あま》い蜜《みつ》の香《かお》りに誘《さそ》われてかハチたちも集《あつ》まってきます。
花《はな》は小《ちい》さいですが、正面《しょうめん》からよく見《み》てみると、
意外《いがい》とかわいらしい花《はな》を咲《さ》かせています。
彼女《かのじょ》といっしょに生《は》えていることもある
ヒメオドリコソウさんは、「姫《ひめ》踊《おど》り子《こ》草《そう》」の名《な》のとおり、
休《やす》み時間《じかん》に教室《きょうしつ》の後《うし》ろで踊《おど》っている感《かん》じの姿《すがた》です。
校庭《こうてい》では、どちらかというと
ホトケノザさんのほうが存在感《そんざいかん》があるようです。
ヒメオドリコソウさんは、
ホトケノザさんにあこがれている子《こ》と
いう感《かん》じでしょうか。

仏《ほとけ》の座《ざ》

シソ科《か》
オドリコソウ属《ぞく》
越年草《えつねんそう》
10~30cm程度《ていど》
花壇《かだん》、
校庭《こうてい》のすみ

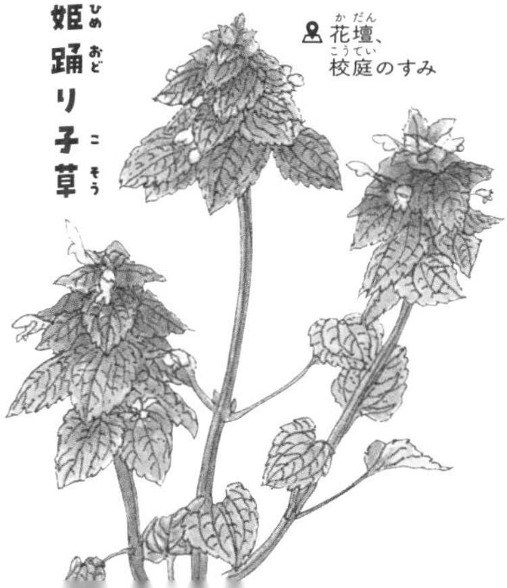

姫《ひめ》踊《おど》り子《こ》草《そう》

シソ科《か》
オドリコソウ属《ぞく》
一年草《いちねんそう》
10~40cm程度《ていど》
花壇《かだん》、
校庭《こうてい》のすみ

Veronica persica

オオイヌノフグリ

じまんに聞《き》こえちゃうかも
しれないけれど、
ボクはけっこう有名《ゆうめい》だと思《おも》う。
るり色《いろ》の花《はな》もけっこう目立《めだ》つしさ。
ただ、ボクは有名《ゆうめい》だけど、
仲《なか》のいい
タチイヌノフグリくんは、
ぜんぜん目立《めだ》ってないみたい。

Veronica arvensis

タチイヌノフグリ

担任から

オオイヌノフグリさんは
雑草《ざっそう》の世界《せかい》では有名人《ゆうめいじん》ですね。
「犬《いぬ》ふぐり」という呼《よ》ばれかたで、俳句《はいく》にもよく登場《とうじょう》します。
花《はな》もかわいいですし、横《よこ》に広《ひろ》がって伸《の》びる感《かん》じが、
のんびり、ぽっちゃりした印象《いんしょう》もあります。
同《おな》じグループにタチイヌノフグリさんがいます。
彼《かれ》は茎《くき》がまっすぐ立《た》って、しっかりした印象《いんしょう》ですね。
けれど茎《くき》が細《ほそ》くて、花《はな》もとても小《ちい》さいので、
ほとんど目立《めだ》たないようです。
でも、タチイヌノフグリさんも、よく見《み》ると
小《ちい》さな花《はな》はとてもきれいです。

立《た》ち犬《いぬ》の陰嚢《ふぐり》

- オオバコ科《か》 クワガタソウ属《ぞく》
- 越年草《えつねんそう》
- 10~40cm程度《ていど》
- 花壇《かだん》、校舎周辺《こうしゃしゅうへん》

大《おお》犬《いぬ》の陰嚢《ふぐり》

- オオバコ科《か》 クワガタソウ属《ぞく》
- 越年草《えつねんそう》
- 20cm程度《ていど》
- 花壇《かだん》、校舎周辺《こうしゃしゅうへん》

Pseudognaphalium affine

ハハコグサ

私《わたし》は春《はる》の七草《ななくさ》にも選《えら》ばれるほどの人気者《にんきもの》。
昔《むかし》は、ひな祭《まつ》りのシンボルだったって言《い》われてるわ。
世話好《せわず》きで、よく友《とも》だちの面倒《めんどう》も見《み》てしまう。
お母《かあ》さんみたいだって言《い》われてるの。
人気《にんき》があるのも、納得《なっとく》でしょ。

担任から

ハハコグサさんは、春《はる》のシンボルですね。春《はる》の花壇《かだん》などでよく見《み》られます。小《ちい》さい花《はな》ながら、花壇《かだん》で咲《さ》くほかの花《はな》にも負《ま》けないかわいらしさです。やわらかな毛《け》で包《つつ》まれた暖《あたた》かそうな感《かん》じの葉《は》っぱもいいですね。

母《はは》子《こ》草《ぐさ》

- キク科《か》 ハハコグサ属《ぞく》
- 一年草《いちねんそう》、越年草《えつねんそう》
- 10~35cm程度《ていど》
- 花壇《かだん》、道《みち》ばた

Gamochaeta pensylvanica

チチコグサモドキ

父《ちち》子《こ》草《ぐさ》擬《もど》き

- キク科《か》
  ハハコグサ属《ぞく》
- 一年草《いちねんそう》、越年草《えつねんそう》
- 10~30cm程度《ていど》
- 花壇《かだん》、校舎周辺《こうしゃしゅうへん》

春《はる》の七草《ななくさ》では、「御形《ごぎょう》」と呼《よ》ばれますが、これはひな祭《まつ》りの「人形《ひとがた》」に由来《ゆらい》すると言《い》われています。同《おな》じグループには、チチコグサさんやチチコグサモドキさんなどがいますが、ハハコグサさんは、そのリーダーのような感《かん》じです。

Euchiton japonicus

チチコグサ

ボクはどう見《み》ても、
陽気《ようき》な子《こ》というイメージではないけれど、
なぜかハハコグサさんたちと仲《なか》が良《よ》くて、
同《おな》じグループなんだ。
でも、居心地《いごこち》は悪《わる》くないよ。

担任から

チチコグサさんは、どちらかというと
あまり目立《めだ》たない、おとなしいタイプです。
ハハコグサさんと同《おな》じように花壇《かだん》にも生《は》えますが、
どちらかというと芝生《しばふ》で見《み》かけることが多《おお》いかな。
同《おな》じグループのチチコグサモドキさんたちが
あちらこちらで見《み》られるのに比《くら》べると、
「グループのほかの雑草《ざっそう》に比《くら》べて目立《めだ》たない」とか、
「地味《じみ》でやせた感《かん》じがする」とか、
図鑑《ずかん》でもイジられていることが多《おお》いけれど、
それだけ愛《あい》されているということなのでしょう。

父子草《ちちこぐさ》

- キク科《か》
  ハハコグサ属《ぞく》
- 多年草《たねんそう》
- 15~30cm程度《ていど》
- 道《みち》ばた、芝生《しばふ》、野原《のはら》

Cerastium glomeratum

オランダミミナグサ

ワタシは、ヨーロッパからヤッテキマシタ。
ニホンゴもよくわかりません。
まだニホンになじめなくて、トモダチもいません。
でも、ガンバッテ、ニホンのザッソウになります。

担任から

彼女《かのじょ》の花言葉《はなことば》は「聞《き》き上手《じょうず》」。
花壇《かだん》でよく見《み》かけますが、花壇《かだん》の雑草《ざっそう》たちが
にぎやかな印象《いんしょう》があるのと比《くら》べると、
彼女《かのじょ》は、どこか上品《じょうひん》でおしとやかな感《かん》じです。
やわらかな毛《け》が生《は》えた葉《は》っぱはとてもふわふわしていて、
彼女《かのじょ》の立《た》ち姿《すがた》や物腰《ものごし》もやわらかい感《かん》じです。
ヨーロッパからやってきた帰化雑草《きかざっそう》ですが、
日本《にほん》にやってきたのは、もうずいぶん前《まえ》の話《はなし》です。
たしかに花《はな》は目立《めだ》ちませんが、花壇《かだん》ではけっこう
いっぱいに広《ひろ》がって、かなりの存在感《そんざいかん》がありますよ。

和《お》蘭《らんだ》耳《みみ》菜《な》草《ぐさ》

- ナデシコ科《か》
  ミミナグサ属《ぞく》
- 越年草《えつねんそう》
- 10~60cm程度《ていど》
- 花壇《かだん》、校舎周辺《こうしゃしゅうへん》

Stellaria neglecta

ハコベ

僕《ぼく》は春《はる》の七草《ななくさ》に選《えら》ばれています！　つまりは春《はる》の雑草《ざっそう》の代表《だいひょう》です！
学名《がくめい》の「Stellaria」は星《ほし》（スター）に由来《ゆらい》しています！
どこにでも生《は》えます！　田園《でんえん》でも都会《とかい》でも、
僕《ぼく》を見《み》ない場所《ばしょ》は少《すく》ないくらいです！！
自分《じぶん》では、優等生《ゆうとうせい》だと思《おも》っています！！！！

担任から

本人《ほんにん》が言《い》うとおり、

彼《かれ》は春《はる》の七草《ななくさ》に選《えら》ばれています。

春《はる》の七草《ななくさ》は「せり、なずな、ごぎょう、はこべら、ほとけのざ、

すずな、すずしろ、これぞ七草《ななくさ》」の歌《うた》が有名《ゆうめい》です。

ちなみに、「ほとけのざ」は

学校《がっこう》に生《は》えるホトケノザ（14ページ）ではなく、

コオニタビラコという春《はる》の田んぼに生《は》える雑草《ざっそう》のことです。

ハコベさんはどこにでも生《は》えますし、

自己主張《じこしゅちょう》が強《つよ》いように見《み》えます。

名前《なまえ》も有名《ゆうめい》なのですが、

彼《かれ》が生《は》えているという認知度《にんちど》は

あまり高《たか》くないようです。

旺盛《おうせい》な葉《は》っぱに比《くら》べて、

花《はな》が目立《めだ》たないのが

理由《りゆう》でしょうか。

繁縷《はこべ》

ナデシコ科《か》
ハコベ属《ぞく》

一年草《いちねんそう》、越年草《えつねんそう》

10~30cm程度《ていど》

花壇《かだん》、校舎周辺《こうしゃしゅうへん》

Mazus pumilus

トキワハゼ

俺《おれ》はトキワハゼ。
けっこう花《はな》も特徴的《とくちょうてき》で
イケてると思《おも》うし、
花壇《かだん》でも目立《めだ》っているつもりだけど、
なぜかあまり名前《なまえ》は
知《し》られていない。
ムラサキサギゴケくんは、
なんかのんびりしてるよね。
似《に》ているって、
言《い》われてるけど……。

常磐《ときわ》爆《はぜ》

- ハエドクソウ科《か》 サギゴケ属《ぞく》
- 一年草《いちねんそう》
- 5~15cm程度《ていど》
- 花壇《かだん》、校庭《こうてい》のすみ

Mazus miquelii

ムラサキサギゴケ

担任から

やや湿《しめ》った感《かん》じのところでトキワハゼさんを見《み》かけます。
先生《せんせい》から見《み》ると、小《ちい》さくてかわいらしいイメージなのですが、
クラスメイトからは、きっちりしたしっかり者《もの》と思《おも》われて
いるようですよ。春《はる》から秋《あき》まで、花《はな》を見《み》せてくれます。
たしかに、同《おな》じグループのムラサキサギゴケさんが、
少《すこ》しのんびりした感《かん》じがするからでしょうか。
さらに湿《しめ》ったところを好《この》む
ムラサキサギゴケさんに比《くら》べて
花《はな》がひとまわり小《ちい》さく、
根元《ねもと》から這《は》う枝《えだ》を
出《だ》さないところが特徴《とくちょう》です。

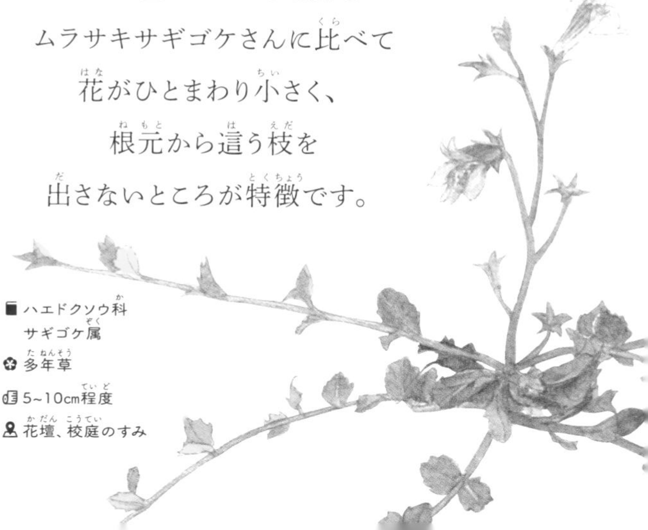

紫鷺苔《むらさきさぎごけ》

- ハエドクソウ科《か》 サギゴケ属《ぞく》
- 多年草《たねんそう》
- 5~10cm程度《ていど》
- 花壇《かだん》、校庭《こうてい》のすみ

Trigonotis peduncularis

キュウリグサ

みんなは私《わたし》のことをおしとやかで、いい子《こ》だと思《おも》っている。

でも本当《ほんとう》は劣等感《れっとうかん》のかたまりだ。

花《はな》も小《ちい》さくて目立《めだ》たないし、

もっと個性《こせい》を際立《きわだ》たせたいって思《おも》っている。

ごめん、本当《ほんとう》はみんなが思《おも》うようないい子《こ》じゃないんです。

担任から

彼女《かのじょ》の花言葉《はなことば》は「真実《しんじつ》の愛《あい》」と「愛《いと》しい人《ひと》へ」。
とてもすてきな言葉《ことば》です。
彼女《かのじょ》は清楚《せいそ》でかわいくて、とてもいい子《こ》だと
みんなから思《おも》われているようです。
「そんなにいい子《こ》はいないよね。きっと欠点《けってん》もあるはず」と
いぶかしむ友《とも》だちもいるようですが、
結局《けっきょく》みんな、彼女《かのじょ》のことを
好《す》きになってしまうようです。
小《ちい》さくて目立《めだ》たない花《はな》なのに、ワスレナグサのように
美《うつく》しい花《はな》にみんな魅了《みりょう》されてしまうんですね。

胡瓜《きゅうり》草《ぐさ》

ムラサキ科《か》
キュウリグサ属《ぞく》

越年草《えつねんそう》

10~30cm程度《ていど》

花壇《かだん》、
校舎周辺《こうしゃしゅうへん》、道《みち》ばた

Taraxacum officinale

セイヨウタンポポ

やっほー！　セイヨウタンポポだよー！
私《わたし》は色々《いろいろ》なところを旅《たび》して、色々《いろいろ》なものを見《み》てきたから、
色々《いろいろ》なことを知《し》っているよー！
外《そと》の世界《せかい》のことも、けっこう知《し》っているつもり。
ほかのクラスメイトより、少《すこ》しは物知《ものし》りかな？
だからみんなから「勉強《べんきょう》教《おし》えてー」ってよく言《い》われるの。

担任から

彼女《かのじょ》はヨーロッパ生《う》まれで、誰《だれ》でも知《し》っている人気者《にんきもの》です。
タンポポは英語《えいご》で「ダンデライオン」。
これは「ライオンの歯《は》」という意味《いみ》です。
葉《は》っぱのギザギザがライオンのキバに見《み》えることから、
そう名《な》づけられました。
ヨーロッパでは葉《は》っぱを野菜《やさい》として食《た》べるので、
葉《は》っぱから名前《なまえ》がつけられているんですね。
花《はな》の下《した》の「総包片《そうほうへん》」が、外側《そとがわ》に反《そ》り返《かえ》っているのが特徴《とくちょう》です。
物知《ものし》りのセイヨウタンポポさんのことですから、
これくらいのことは知《し》っていたかもしれませんね。

西《せい》洋《よう》蒲公英《たんぽぽ》

キク科《か》
タンポポ属《ぞく》
多年草《たねんそう》
20~30㎝程度《ていど》
校舎周辺《こうしゃしゅうへん》、校庭《こうてい》のすみ

Taraxacum platycarpum

ニホンタンポポ

ボクは地元《じもと》が大好《だいす》き。
地元《じもと》の友《とも》だちも大好《だいす》き。
昔《むかし》ながらのいつもの場所《ばしょ》で、地元《じもと》の友《とも》だちと
集《あつ》まってつるんでいるのが、一番楽《いちばんたの》しいかな。
でも最近《さいきん》は、ボクの地元《じもと》も、友《とも》だちと安心《あんしん》してたむろできる
「なじみの場所《ばしょ》」が減《へ》ってきているのが、少《すこ》しさびしいかな。

担任から

セイヨウタンポポさんは、自然《しぜん》の少《すく》ない都会《とかい》に多《おお》く、
ニホンタンポポさんは、自然《しぜん》の多《おお》い郊外《こうがい》に多《おお》いとされますが、
さまざまな環境《かんきょう》がある校庭《こうてい》では、どちらも見《み》られることが
あるようです。セイヨウタンポポさんは、
仲間《なかま》がいなくてもタネを作《つく》ることができます。
そのため、たった一株《ひとかぶ》でポツンと咲《さ》いているのを見《み》かけます。
一方《いっぽう》、ニホンタンポポさんは仲間《なかま》と交配《こうはい》してタネを作《つく》ります。
そのため、いつも仲間《なかま》と集《あつ》まって、お花畑《はなばたけ》を作《つく》って
咲《さ》いているようです。セイヨウタンポポさんとちがい、
花《はな》の下《した》の「総包片《そうほうへん》」は反《そ》り返《かえ》りません。

日本蒲公英《にほんたんぽぽ》

- キク科《か》 タンポポ属《ぞく》
- 多年草《たねんそう》
- 10~30cm程度《ていど》
- 校庭《こうてい》のすみ、道《みち》ばた、公園《こうえん》

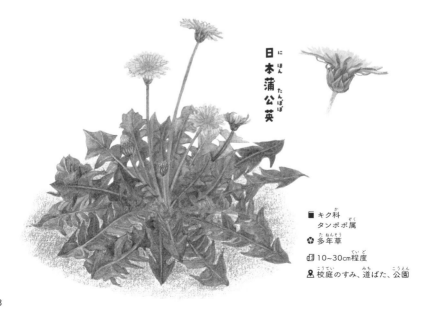

Ixeris stolonifera

ジシバリ

私《わたし》は、思《おも》ったことをはっきり言《い》うタイプ。
別《べつ》に束縛《そくばく》するつもりはないけれど、
友《とも》だちに、ルールのしばりが強《つよ》すぎるって言《い》われる。
しかたないよね、名前《なまえ》が「地《じ》しばり」だから。
「小《こ》僧《ぞう》泣《な》かせ」って悪口《わるぐち》を言《い》われることも
あるけれど、そんなの泣《な》くほうが悪《わる》いんだ。

担任から

セイヨウタンポポさんや、ニホンタンポポさんに似《に》ていますが、

もっとしっかりと地《ち》に足《あし》がついている感《かん》じです。

茎《くき》を地面《じめん》の上《うえ》に這《は》わせながら生長《せいちょう》していきます。

抜《ぬ》くのがとても大変《たいへん》なので、草取《くさと》りする小僧《こぞう》さんが

泣《な》いてしまうほどと言《い》われていますが、

それだけ地面《じめん》にしっかりと

根《ね》っこを張《は》っているということでもあるのでしょう。

花言葉《はなことば》は「人知《ひとし》れぬ努力《どりょく》」。

タンポポに似《に》た花《はな》は目立《めだ》ちますが、

地《じ》べたを這《は》いつくばって生長《せいちょう》する姿《すがた》は

なかなか見《み》えないのです。

地縛《じしばり》

- キク科《か》
  タカサゴソウ属《ぞく》
- 多年草《たねんそう》
- 7~10cm程度《ていど》
- 校庭《こうてい》のすみ、道《みち》ばた

Vicia sativa

カラスノエンドウ

俺《おれ》らは音楽好《おんがくず》き。
鳥《とり》たちのさえずりに負《ま》けないように、
春《はる》の野原《のはら》でサウンドを
響《ひび》かせているバンドメンバーさ。
混《ま》ざり合《あ》って、からみ合《あ》って、
アンサンブルを奏《かな》でている。
放課後《ほうかご》のバンド活動《かつどう》が
生《い》きがいなんだ。
俺《おれ》はピーピーと美《うつく》しい音色《ねいろ》で、
バンドをリードしている「カラス」なのさ。

Vicia tetrasperma

カスマグサ

烏《からす》野《の》豌《えん》豆《どう》

- マメ科《か》
  ソラマメ属《ぞく》
- 越年草《えつねんそう》
- 30~100cm程度《ていど》
- 校庭《こうてい》のすみ、道《みち》ばた

かす間《ま》草《ぐさ》

- マメ科《か》
  ソラマメ属《ぞく》
- 越年草《えつねんそう》
- 60cm程度《ていど》
- 校庭《こうてい》のすみ、道《みち》ばた

担任から

カラスノエンドウさんは、豆《まめ》の莢《さや》が黒《くろ》く色《いろ》づくので、「カラス」と名《な》づけられました。黒《くろ》く熟《じゅく》した莢《さや》は、笛《ふえ》にすることができます。そのため、「ピーピー豆《まめ》」とも呼《よ》ばれます。スズメノエンドウさんは、カラスノエンドウさんよりも小《ちい》さいことから、「スズメ」と呼《よ》ばれます。カスマグサさんは、「カラス」と「スズメ」の中間《ちゅうかん》の大《おお》きさなので、「カス間《ま》グサ」と呼《よ》ばれます。三人《さんにん》はとても仲良《なかよ》しです。もっとも、スズメノエンドウさんとカスマグサさんの莢《さや》は笛《ふえ》にすることはできません。もしかすると、バンドの楽器《がっき》も吹《ふ》くマネをしているだけなのかもしれません。

Vicia hirsuta

スズメノエンドウ

雀《すずめ》野《の》豌《えん》豆《どう》

- マメ科《か》 ソラマメ属《ぞく》
- 越年草《えつねんそう》
- 30~50cm程度《ていど》
- 校庭《こうてい》のすみ、道《みち》ばた

Youngia japonica

オニタビラコ

私《わたし》は名前《なまえ》で
けっこう損《そん》をしていると思《おも》う。
「鬼《おに》」なんてついているせいで、
怖《こわ》そうとか、きつそうとか言《い》われる。
でも本当《ほんとう》は小《ちい》さくてかわいい花《はな》だと、
みんなに知《し》ってもらいたいの。

担任から

春《はる》の七草《ななくさ》で「ほとけのざ」と呼《よ》ばれるのは
コオニタビラコのことで、別名《べつめい》を「田平子《たびらこ》」と言《い》います。
彼女《かのじょ》は「田平子《たびらこ》」より大《おお》きいことから、
「オニタビラコ」と名《な》づけられてしまいました。
道《みち》ばたに咲《さ》いていると、
背丈《せたけ》が低《ひく》く、茎《くき》も細《ほそ》くて、かわいらしい感《かん》じです。
しかし栄養豊富《えいようほうふ》な学校菜園《がっこうさいえん》では
茎《くき》が太《ふと》く、背丈《せたけ》が1メートルほどになり、
みんなを驚《おどろ》かせることも。
タンポポよりもたくさん咲《さ》いているのに、
目《め》にとめてくれる人《ひと》が少《すく》ないことに、
すねているようです。
花言葉《はなことば》は「みんなといっしょに」。
春《はる》に咲《さ》く黄色《きいろ》い花《はな》は
たくさんあるけれど、
みんな仲良《なかよ》くね。

鬼田平子《おにたびらこ》

キク科《か》
ヤブタビラコ属《ぞく》
一年草《いちねんそう》、越年草《えつねんそう》
20~100cm程度《ていど》
道《みち》ばた

Capsella bursa-pastoris

ナズナ

私《わたし》は音楽《おんがく》が好《す》き。

放課後《ほうかご》はアコースティックギターを鳴《な》らしている。

ドラムも好《す》き。

そして、音楽《おんがく》を奏《かな》でている自分《じぶん》も好《す》き。

みんなからは、少女《しょうじょ》マンガに出《で》ていそうなヒロインとか、

幼《おさな》なじみキャラのヒロインとか言《い》われているけど、

これってどういう意味《いみ》？

わかんないけど、なんかうれしい！

担任から

彼女《かのじょ》はどこにでもいそうなタイプ。
垢《あか》抜《ぬ》けていない感《かん》じの素朴《そぼく》な美《うつく》しさが彼女《かのじょ》の魅力《みりょく》です。
別名《べつめい》は「ペンペン草《ぐさ》」。
実《み》の形《かたち》が三味線《しゃみせん》のばちに似《に》ているので名《な》づけられたようです。
ギターのピックにも似《に》ていますね。
実《み》の柄《え》を引《ひ》っ張《ば》って、でんでん太鼓《だいこ》のように振《ふ》ると
小《ち》さな音《おと》がします。昔《むかし》から、音遊《おとあそ》びにも使《つか》われていました。
ナズナの名前《なまえ》は「愛《あい》される菜《な》」という意味《いみ》の、
「撫《な》で菜《な》」に由来《ゆらい》すると言《い》われています。
そういえば、「春《はる》の七草《ななくさ》」にも選《えら》ばれていました。
みんなから愛《あい》されているんですね。

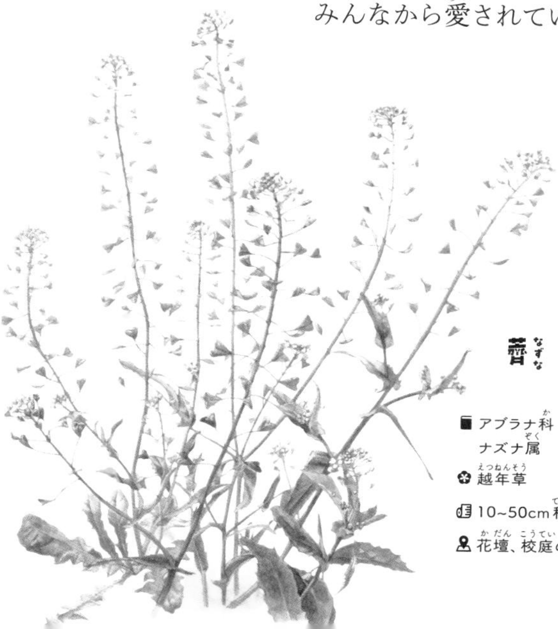

薺《なずな》

アブラナ科《か》
ナズナ属《ぞく》

越年草《えつねんそう》

10~50cm程度《ていど》

花壇《かだん》、校庭《こうてい》のすみ、道《みち》ばた

Viola mandshurica

スミレ

私《わたし》はあまり目立《めだ》つほうではない。
教室《きょうしつ》のすみで一人《ひとり》で本《ほん》を読《よ》んでいるのが好《す》き……。
街《まち》に出《で》かけるのも好《す》きだけど
目立《めだ》たずに静《しず》かに咲《さ》いていたい……。
私《わたし》はひかえ目《め》なんです……。

担任から

ひと言《こと》で言《い》うと、彼女《かのじょ》はとても優等生《ゆうとうせい》です。
花《はな》も美《うつく》しく、紫色《むらさきいろ》はとても上品《じょうひん》です。
勉強《べんきょう》もできるし、忘《わす》れ物《もの》もしません。
みんなへの気配《きくば》りもよくできています。
スポーツはできない印象《いんしょう》ですが、
タネ飛《と》ばし大会《たいかい》では活躍《かつやく》してみんなを驚《おどろ》かせました。
「やればできる」タイプです。
ただ、どちらかというと引《ひ》っ込《こ》み思案《じあん》で、
ほかの植物《しょくぶつ》の陰《かげ》にいます。
都会《とかい》の街中《まちなか》のアスファルトのすき間《ま》に生《は》えて
いることもありますが、あまり目立《めだ》った感《かん》じはありません。
暑《あつ》くなると、閉鎖花《へいさか》という目立《めだ》たない花《はな》をつけて確実《かくじつ》に
タネを残《のこ》します。本当《ほんとう》に抜《ぬ》け目《め》のないしっかり者《もの》です。

菫《すみれ》

スミレ科《か》
スミレ属《ぞく》
多年草《たねんそう》
10cm程度《ていど》
校庭《こうてい》のすみ、道《みち》ばた

Viola x wittrockiana

ビオラ

私《わたし》は本当《ほんとう》は雑草《ざっそう》ではありません。
でも、花壇《かだん》の中《なか》は校則《こうそく》が厳《きび》しいので、
花壇《かだん》の外《そと》の雑草《ざっそう》さんたちは自由《じゆう》で楽《たの》しそうだなと、
あこがれてしまいます。
こんな私《わたし》は雑草《ざっそう》になることはできないのでしょうか。

担任から

彼女《かのじょ》は、もともと雑草《ざっそう》ではありません。
しかし、花壇《かだん》からタネがこぼれ出《で》て、
花壇《かだん》の外《そと》で雑草《ざっそう》のように生《は》えていることがあります。
花壇《かだん》の外《そと》は、とても自由《じゆう》です。
その代《か》わり、
誰《だれ》も水《みず》をくれませんし、誰《だれ》も世話《せわ》をしてくれません。
そんな場所《ばしょ》に生《は》えているビオラさんは、立派《りっぱ》な雑草《ざっそう》です。
もともとは花壇《かだん》の中《なか》で育《そだ》てられている園芸植物《えんげいしょくぶつ》だったのに、
花壇《かだん》を飛《と》び出《だ》して雑草《ざっそう》になった植物《しょくぶつ》はたくさんあります。
ハルジオンさん（50ページ）やセイタカアワダチソウさん
（106ページ）も、もとは園芸植物出身《えんげいしょくぶつしゅっしん》です。

ビオラ

- スミレ科《か》
  スミレ属《ぞく》の総称《そうしょう》
- 一年草《いちねんそう》
- 5~20cm程度《ていど》
- 花壇《かだん》、花壇《かだん》の外《そと》

Nuttallanthus canadensis

マツバウンラン

私《わたし》は、よく「とがって見《み》える」「松葉《まつば》に似《に》ている」と言《い》われます。
でも本当《ほんとう》は、そんなことはありません。
ほかの植物《しょくぶつ》と競《きそ》い合《あ》うことは得意《とくい》ではありません。
その代《か》わり、ほかの植物《しょくぶつ》が嫌《いや》がるような荒《あ》れ地《ち》のような
場所《ばしょ》を選《えら》んで広《ひろ》がります。
そんな私《わたし》は、自分《じぶん》でも頑張《がんば》り屋《や》だと思《おも》っています。

担任から

校庭《こうてい》のすみの日当《ひあ》たりの良《よ》い場所《ばしょ》で彼女《かのじょ》を見《み》かけます。
ほかの雑草《ざっそう》が生《は》えないようなやせた場所《ばしょ》でも、
気《き》にせずに生《は》えているようです。
彼女《かのじょ》は線《せん》が細《ほそ》い印象《いんしょう》がありますが、
しっかり者《もの》です。
小《ちい》さな花《はな》ですが、
薄紫色《うすむらさきいろ》のとても可憐《かれん》な花《はな》を咲《さ》かせます。
花言葉《はなことば》は、「輝《かがや》き」と「喜《よろこ》び」。
花言葉《はなことば》のとおり、
校庭《こうてい》のすみに輝《かがや》きを
もたらしてくれる存在《そんざい》です。
細《ほそ》い茎《くき》がまっすぐに立《た》って、
姿勢《しせい》がとても良《よ》いのが印象的《いんしょうてき》です。
「芯《しん》が強《つよ》い」という花言葉《はなことば》は、
そんな立《た》ち姿《すがた》から
言《い》われているのかもしれません。

松《まつ》葉《ば》海《うん》蘭《らん》

オオバコ科《か》
マツバウンラン属《ぞく》
一年草《いちねんそう》、越年草《えつねんそう》
20~60cm程度《ていど》
校庭《こうてい》のすみ、道《みち》ばた、空《あ》き地《ち》

Equisetum arvense

スギナ

先祖《せんぞ》のじまんをするのは好《す》きじゃない。
だけど、俺《おれ》の先祖《せんぞ》は恐竜《きょうりゅう》より古《ふる》い時代《じだい》の「古生代《こせいだい》」には、
相当《そうとう》すごかったらしい。
もちろん、俺《おれ》だってけっこうすごいし、しつこいタイプ。
抜《ぬ》かれても抜《ぬ》かれても、地面《じめん》の下《した》から生《は》えてやるんだからな。

担任から

スギナさんは花《はな》が咲《さ》かず、あまり目《め》立《だ》った感《かん》じはありません。
高度《こうど》に進化《しんか》した植物《しょくぶつ》が雑草《ざっそう》として活躍《かつやく》する中《なか》で、
スギナさんのようにシダ植物《しょくぶつ》で雑草《ざっそう》になっているのは、
とてもめずらしいです。
抜《ぬ》いても抜《ぬ》いても生《は》えてきたり、除草剤《じょそうざい》をまかれても再生《さいせい》したり、
雑草《ざっそう》としての実力《じつりょく》は本物《ほんもの》です。
クラブなどには入《はい》っていませんが、タネ飛《と》ばし大会《たいかい》で
実力《じつりょく》を発揮《はっき》してみんなを驚《おどろ》かせるタイプです。
春《はる》のころは「つくし」と呼《よ》ばれています。
みんなからは、
「えーっ。あのときのつくしってお前《まえ》だったの！」と
驚《おどろ》かれることもありますが、
うれしくはないみたいです。

杉《すぎ》菜《な》

土筆《つくし》

トクサ科《か》
トクサ属《ぞく》
多年草《たねんそう》
10~40cm程度《ていど》
校舎周辺《こうしゃしゅうへん》、道《みち》ばた、線路際《せんろぎわ》

Erigeron philadelphicus

ハルジオン

Erigeron annuus

ヒメ ジョオン

私《わたし》はいつもうつむいている。
まだ、夢見《ゆめみ》るつぼみだから……。
でも、でも、いつの日《ひ》か
上《うえ》を向《む》いて咲《さ》きたい。
私《わたし》は、そんな花《はな》なのです。

担任から

ハルジオンさんは詩人《しじん》で、
J-POPの歌詞《かし》によく出《で》てくるそうです。
淡《あわ》いピンクのつぼみが、恥《は》じらうようにうつむいているようすがとてもかわいらしいですね。ヒメジョオンさんと似《に》ていますが、
ヒメジョオンさんはつぼみのときから
上《うえ》を向《む》いていて勝《か》ち気《き》な感《かん》じがします。
ハルジオンさんは春《はる》に、
ヒメジョオンさんは少《すこ》し遅《おく》れて初夏《しょか》に咲《さ》きます。
これが、ケンカせずにいられる秘訣《ひけつ》なのでしょう。
ヒメジョオンさんは一年草《いちねんそう》で、積極的《せっきょくてき》に種子《しゅし》で
広《ひろ》がっているようです。一方《いっぽう》ハルジオンさんは
多年草《たねんそう》で、ゆっくり育《そだ》っていく感《かん》じがします。

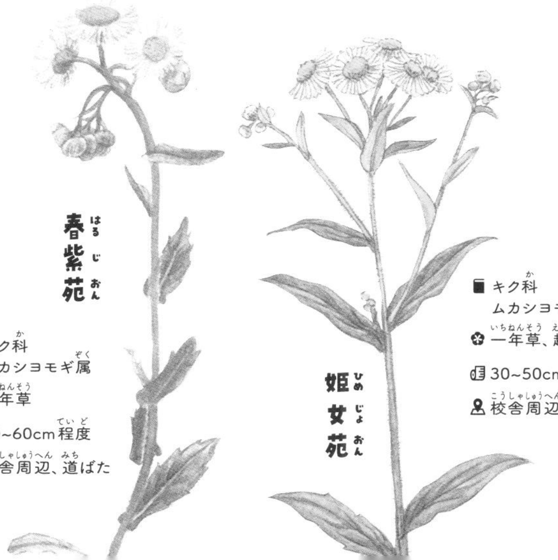

春《はる》紫《じ》苑《おん》

キク科《か》
ムカシヨモギ属《ぞく》
多年草《たねんそう》
30~60cm程度《ていど》
校舎周辺《こうしゃしゅうへん》、道《みち》ばた

姫《ひめ》女《じょ》苑《おん》

キク科《か》
ムカシヨモギ属《ぞく》
一年草《いちねんそう》、越年草《えつねんそう》
30~50cm程度《ていど》
校舎周辺《こうしゃしゅうへん》、道《みち》ばた

Persicaria capitata

ヒメツルソバ

「雑草《ざっそう》にしては、かわいすぎるんじゃない？」とか
「雑草《ざっそう》じゃないみたい」とよく言《い》われます。
もともと先祖《せんぞ》が園芸植物《えんげいしょくぶつ》の系統《けいとう》だから
しかたないかもしれないけど、
私《わたし》はこの学校《がっこう》で、雑草《ざっそう》として頑張《がんば》りたいです。

担任から

彼女《かのじょ》はもともと園芸植物《えんげいしょくぶつ》の系統《けいとう》なので、
雑草《ざっそう》っぽくない洗練《せんれん》された美《うつく》しさがあります。
コンペイトウのような形《かたち》の、ピンクの花《はな》が特徴的《とくちょうてき》です。
みんなから親《した》しまれやすい
かわいらしさも兼《か》ね備《そな》えていますね。
ソバの花《はな》には似《に》ていませんが「ツルソバ」という
植物《しょくぶつ》に似《に》ているのでこの名《な》がつきました。
都会《とかい》の街角《まちかど》で見《み》かけることもありますが、土《つち》のないところで
頑張《がんば》って生《は》えています。
誰《だれ》がなんと言《い》おうと
彼女《かのじょ》は立派《りっぱ》な雑草《ざっそう》だと、先生《せんせい》は思《おも》っていますよ。

姫《ひめ》蔓《つる》蕎《そ》麦《ば》

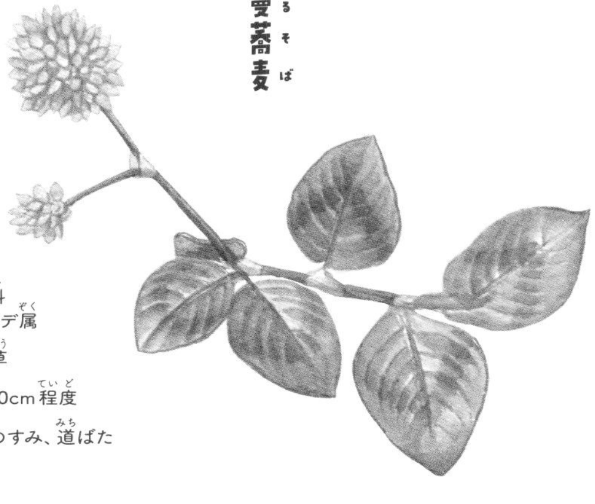

- タデ科《か》 イヌタデ属《ぞく》
- 多年草《たねんそう》
- 10~20cm程度《ていど》
- 校庭《こうてい》のすみ、道《みち》ばた

コラム

個《こ》性《せい》豊《ゆた》かなのは雑《ざっ》草《そう》の世《せ》界《かい》だけ？

雑草《ざっそう》にはいろいろな個性《こせい》があります。そのことが結果《けっか》として、ほかの雑草《ざっそう》たちと競争《きょうそう》しないことにつながります。それは動物《どうぶつ》の世界《せかい》でも同《おな》じです。

自然界《しぜんかい》にはたくさんの生《い》きものがいます。もしもエサが同《おな》じだったとしたら、エサを奪《うば》い合《あ》って激《はげ》しい競争《きょうそう》をくり広《ひろ》げたことでしょう。しかし、実際《じっさい》にはたくさんの種類《しゅるい》の動《どう》物《ぶつ》たちがいます。

たとえば、サバンナのキリンは高《たか》い木《き》の葉《は》っぱを食《た》べます。インパラは低《ひく》い木《き》の葉《は》っぱを食《た》べます。そして、シマウマは草丈《くさたけ》の高《たか》い草《くさ》を食《た》べます。ヌーは、草丈《くさたけ》の低《ひく》い草《くさ》を食《た》べます。このように、エサがちがうので、同《おな》じ場所《ばしょ》でも仲良《なかよ》くいられるのです。競争《きょうそう》をしないためには、「ほかの生《せい》物《ぶつ》とちがうところ」が大切《たいせつ》なのです。

首《くび》の長《なが》いキリンは、敵《てき》がいないか見張《みは》りをします。耳《みみ》が良《い》いシマウマは、敵《てき》に気《き》がつくといち早《はや》く逃《に》げて、ほかの生《い》きものたちに危険《きけん》を知《し》らせます。インパラは飛《と》び跳《は》ねて逃《に》げて敵《てき》を混乱《こんらん》させますし、ヌーは群《む》れで逃《に》げて敵《てき》を驚《おどろ》かせます。そのため、さまざまな動物《どうぶつ》が一《いっ》カ所《しょ》にいると、敵《てき》に襲《おそ》われにくいのです。

生《い》きものたちは、「ほかの生物《せいぶつ》とちがうところ」を発揮《はっき》することで助《たす》け合《あ》っています。きっと「競《きそ》い合《あ》うよりも、助《たす》け合《あ》うほうがお互《たが》いにいい」という答《こた》えに、長《なが》い進化《しんか》の過《か》程《てい》でたどりついたのでしょう。

夏《なつ》のクラスメイトたち
校庭《こうてい》のすみ
オオアレチノギク
シロツメクサ
ヨモギ
ナガミヒナゲシ
エノコログサ
ツユクサ
メヒシバ
スベリヒユ
ベニバナボロギク
ダンドボロギク
ヒメムカシヨモギ
校舎周辺《こうしゃしゅうへん》
オオキバナカタバミ
ツメクサ
カタバミ
ムラサキカタバミ
花壇《かだん》
カタバミ
コミカンソウ
校庭《こうてい》の中《なか》
オヒシバ
スズメノカタビラ
コスズメガヤ
校庭《こうてい》のフェンス
ヘクソカズラ
ヤブガラシ
ホシアサガオ
マメアサガオ
マルバルコウ
ヒルガオ
道《みち》ばた
シロツメクサ
ツメクサ
ムラサキカタバミ
オオキバナカタバミ
ヨモギ
ナガミヒナゲシ
コミカンソウ
エノコログサ
ツユクサ
メヒシバ
オヒシバ
スズメノカタビラ
コスズメガヤ
スベリヒユ
ベニバナボロギク
ダンドボロギク
ヒメムカシヨモギ
オオアレチノギク
ホシアサガオ
マメアサガオ
マルバルコウ
ヒルガオ
チカラシバ
ハゼラン

Trifolium repens

シロツメクサ

私《わたし》は、どちらかというと、おとなしいほうだと思《おも》います。
それなのに、みんなはよく話《はな》しかけてくれるの。
いつか、みんなに幸《しあわ》せをお返《かえ》しできるようになりたいです。
友《とも》だちは勝手《かって》に私《わたし》をアイドル扱《あつか》いするけれど、
私《わたし》には向《む》いていないと思《おも》う。

担任から

彼女《かのじょ》はみんなから「クローバー」という愛称《あいしょう》で
呼《よ》ばれています。華《はな》やかという感《かん》じではありませんし、
特《とく》に目《め》立《だ》つほうでもありません。
しかし、どことなく放《ほう》っておけないタイプなのか、
どことなく構《かま》ってあげたくなるタイプなのか、
誰《だれ》からも愛《あい》されています。
かわいらしいイメージですが、踏《ふ》まれても負《ま》けない
強《つよ》さも持《も》っています。
どこか惹《ひ》かれる魅力《みりょく》を持《も》つ存在《そんざい》です。
将来《しょうらい》が楽《たの》しみですね。

白《しろ》詰《つめ》草《くさ》

- マメ科《か》
  シャジクソウ属《ぞく》
- 多年草《たねんそう》
- 5~15cm程度《ていど》
- 校庭《こうてい》のすみ、道《みち》ばた、公園《こうえん》

Sagina japonica

ツメクサ

私《わたし》はシロツメクサさんとよく間《ま》ちがえられます。
でも、名前《なまえ》が似《に》ているだけで、ぜんぜんちがいます。
私《わたし》は人見知《ひとみし》りなので、ほんのすき間《ま》に
生《は》えていることが多《おお》いです。

担任から

シロツメクサさんはマメ科《か》ですが、
ツメクサさんはナデシコ科《か》。
カーネーションやナデシコと同《おな》じ仲間《なかま》ですね。
花壇《かだん》などで伸《の》び伸《の》び生長《せいちょう》している姿《すがた》も見《み》かけますが、
学校《がっこう》のすみのコンクリートの割《わ》れ目《め》や、タイルのすき間など
ほんのわずかなスペースに、
小《ちい》さくなって生《は》えていることが多《おお》いようです。
そのようすは、まるでコケのようです。
割《わ》れ目《め》は、ほかの植物《しょくぶつ》が生《は》えないので光《ひかり》が当《あ》たり、
水《みず》もしみこんでくるので意外《いがい》と居心地《いごこち》がいいのでしょう。
わずかなスペースに生《は》えて、しかも花《はな》を咲《さ》かせているなんて、
ほかの雑草《ざっそう》にはとてもマネできません。
本当《ほんとう》にすごいです。

爪《つめ》草《くさ》

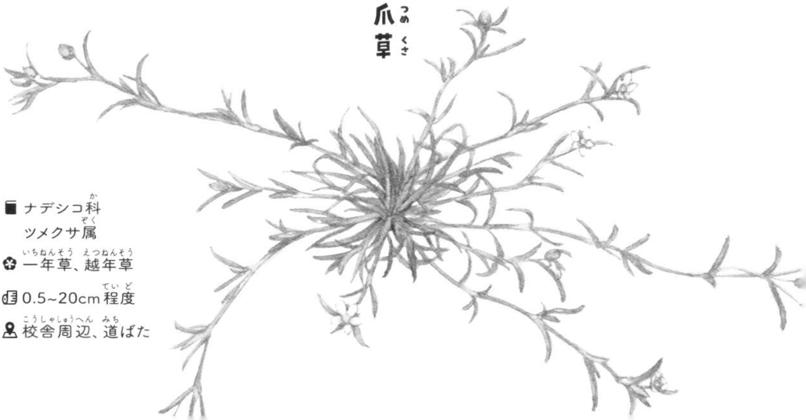

ナデシコ科《か》
ツメクサ属《ぞく》
一年草《いちねんそう》、越年草《えつねんそう》
0.5~20cm程度《ていど》
校舎周辺《こうしゃしゅうへん》、道《みち》ばた

Oxalis corniculata

カタバミ

Oxalis debilis

ムラサキカタバミ

うちらは、アイドルが大好《だいす》き。
推《お》しのアイドルに「❤」をいっぱい届《とど》けている。
うちらは、雑草《ざっそう》としては
嫌《きら》われることも多《おお》いけれど、
けっこうかわいいほうだって自分《じぶん》では思《おも》ってるし。
群《む》れててうるさいって言《い》われるけど、
知《し》らないよ。

片《かた》喰《ばみ》

- カタバミ科《か》
  カタバミ属《ぞく》
- 多年草《たねんそう》
- 10~30cm程度《ていど》
- 花壇《かだん》、校舎周辺《こうしゃしゅうへん》

紫《むらさき》片《かた》喰《ばみ》

- カタバミ科《か》
  カタバミ属《ぞく》
- 多年草《たねんそう》
- 10~30cm程度《ていど》
- 校舎周辺《こうしゃしゅうへん》、道《みち》ばた

Oxalis pes-caprae

オオキバナカタバミ

担任から

カタバミさんたちは、シロツメクサさんに似《に》ていて間《ま》ちがえられることも多《おお》いようですが、まったく別《べつ》の種類《しゅるい》です。葉《は》っぱにハートがいっぱいあるのが特徴《とくちょう》ですね。
花《はな》が黄色《きいろ》いカタバミさんのほかに、花《はな》が紫色《むらさきいろ》のムラサキカタバミさんなどがいて、色《いろ》もさまざまでとても華《はな》やかですね。
カタバミさんと、オオキバナカタバミさんは似《に》ていますが、オオキバナカタバミさんは黄色《きいろ》の蛍光色《けいこうしょく》をしていて、葉《は》っぱに少《すこ》し光沢《こうたく》があり、紫褐色《しかっしょく》の斑点《はんてん》が見《み》られます。

大《おお》黄《き》花《ばな》片《かた》喰《ばみ》

- カタバミ科《か》 カタバミ属《ぞく》
- 多年草《たねんそう》
- 10~30cm程度《ていど》
- 校舎周辺《こうしゃしゅうへん》、道《みち》ばた

Artemisia indica

ヨモギ

私《わたし》はおもち大好《だいす》き、草《くさ》もち大好《だいす》き、
草《くさ》だんごも大好《だいす》き。
草《くさ》もちや草《くさ》だんごは、
ヨモギもちやヨモギだんごとも呼《よ》ばれるよ。
もちというもちは、みんな私《わたし》によく合《あ》うよ～。
ヨモギのおもちは、
とても香《かお》りがいいでしょ。

担任から

ひな祭《まつ》りのひしもちや、
子《こ》どもの日《ひ》のかしわもちにも、
ヨモギさんが入《はい》った緑《みどり》のおもちがあります。
ヨモギさんは葉《は》っぱの裏《うら》に毛《け》がたくさん生《は》えています。
この毛《け》がおもちにからみつくので、もともとは、
もちもち感《かん》を増《ま》すために入《い》れられるようになったそうです。
この毛《け》は、葉《は》っぱから水《みず》が蒸発《じょうはつ》するのを防《ふせ》ぐため、
乾《かわ》いた場所《ばしょ》でも頑張《がんば》れるようです。
春《はる》にはやわらかな葉《は》っぱが特徴的《とくちょうてき》ですが、
夏《なつ》になると1メートルくらいにまで背《せ》が高《たか》くなるので、
あまり草刈《くさか》りされない校庭《こうてい》のまわりでよく見《み》かけます。

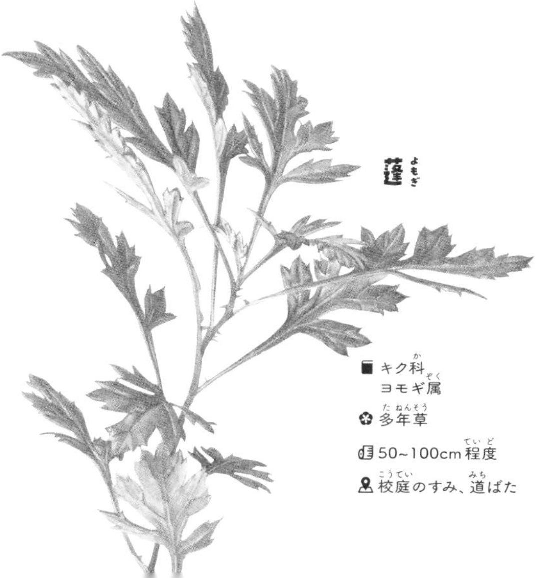

蓬《よもぎ》

- キク科《か》ヨモギ属《ぞく》
- 多年草《たねんそう》
- 50~100cm程度《ていど》
- 校庭《こうてい》のすみ、道《みち》ばた

Papaver dubium

ナガミヒナゲシ

はっきり言《い》って、私《わたし》は学校《がっこう》のマドンナ。
美《うつく》しさは、ほかの草《くさ》とは比《くら》べものにならない。
オレンジ色《いろ》の花《はな》もなかなか個性的《こせいてき》でしょう？
地中海《ちちゅうかい》の太陽《たいよう》をイメージしているの。
まあ、わかる人《ひと》にしかわからないでしょうね。

担任から

彼女《かのじょ》は、見《み》た目《め》が美《うつく》しいので、
草《くさ》むしりでほかの雑草《ざっそう》が抜《ぬ》かれても、彼女《かのじょ》だけは
抜《ぬ》かれずに大切《たいせつ》にされているのをよく見《み》かけます。
きっと美《うつく》しさも身《み》を守《まも》る武器《ぶき》なのでしょう。
根《ね》っこから毒《どく》を出《だ》して、
まわりの植物《しょくぶつ》を傷《きず》つけている一面《いちめん》もあるようです。
最近《さいきん》では、分布《ぶんぷ》をみるみる広《ひろ》げている感《かん》じが気《き》になります。
そのせいか、
外来種《がいらいしゅ》として嫌《きら》われる一面《いちめん》も目立《めだ》ち始《はじ》めています。
原産地《げんさんち》の地中海《ちちゅうかい》では、
美《うつく》しい野《の》の花《はな》なのですから
度《ど》を越《こ》さないように
気《き》をつけてもらいたいです。

長《なが》実《み》雛《ひな》芥《げ》子《し》

ケシ科《か》
ケシ属《ぞく》
一年草《いちねんそう》
10~60cm程度《ていど》
校庭《こうてい》のすみ、道《みち》ばた、空《あ》き地《ち》

Phyllanthus lepidocarpus

コミカンソウ

私《わたし》は小《ちい》さいミカンのような
実《み》をいっぱいつけてる。
名前《なまえ》も見《み》た目《め》もけっこうかわいいと思《おも》うけど、
あまり気《き》づかれてないみたい。
覚《おぼ》えてくれるとうれしいなあ。

担任から

彼女《かのじょ》はあまり目立《めだ》たない存在《そんざい》で、
名前《なまえ》もあまり知《し》られていませんが、気《き》がつくと
校庭《こうてい》の花壇《かだん》などではかなりたくさん生《は》えています。
オジギソウとはまったく別《べつ》の種類《しゅるい》ですが、
葉《は》っぱがオジギソウに似《に》ています。
オジギソウほどのスピードではありませんが、夕方《ゆうがた》、暗《くら》くなると
目《め》に見《み》えるくらいのスピードで葉《は》っぱを閉《と》じて眠《ねむ》ります。
夏《なつ》の暑《あつ》い日《ひ》や乾燥《かんそう》した日《ひ》には昼寝《ひるね》もします。
とっても健康的《けんこうてき》ですね。田舎《いなか》っぽいイメージがありますが、
意外《いがい》と街中《まちなか》でもよく見《み》かけます。
そんな一面《いちめん》もあるんですね。

コミカンソウ科《か》
コミカンソウ属《ぞく》
一年草《いちねんそう》
10~40cm程度《ていど》
花壇《かだん》、道《みち》ばた

小《こ》蜜《み》柑《かん》草《そう》

Setaria viridis

エノコログサ

私《わたし》のこと、もちろん知《し》ってるよね！　エノコログサです！

「ネコジャラシ」じゃないです。

それは本名《ほんみょう》じゃなくて、ニックネーム。遊《あそ》ぶの大好《だいす》き。夏《なつ》も大好《だいす》き。

ついでに、ネコちゃんも大大大好《だいだいだいす》き。

大好《だいす》きなものがたくさんあって、毎日楽《まいにちたの》しい！

担任から

彼女《かのじょ》は楽《たの》しそうに生《は》えています。
学校《がっこう》の校庭《こうてい》でも日当《ひあ》たりの良《よ》いところで、よく見《み》かけます。
ただ、通学路《つうがくろ》の道《みち》ばたなどでよく見《み》かけるのに比《くら》べると、
学校《がっこう》の中《なか》では居場所《いばしょ》が限《かぎ》られているようです。
花言葉《はなことば》は「愛嬌《あいきょう》」と「遊《あそ》び」で、彼女《かのじょ》にぴったりです。
「C_4型光合成《しーよんがたこうごうせい》」と呼《よ》ばれる特別《とくべつ》な光合成《こうごうせい》のしくみを
持《も》っているので、暑《あつ》い日《ひ》も、乾燥《かんそう》した土地《とち》も得意《とくい》です。
ほかの植物《しょくぶつ》がしおれそうな夏《なつ》の暑《あつ》い日《ひ》も
元気《げんき》にすくすく生《は》えています。
きっと夏《なつ》が大好《だいす》きなんでしょうね。

狗尾草《えのころぐさ》

- イネ科《か》
  エノコログサ属《ぞく》
- 一年草《いちねんそう》
- 30~80cm程度《ていど》
- 校庭《こうてい》のすみ、道《みち》ばた、公園《こうえん》

Commelina communis

ツユクサ

僕《ぼく》はあまり日《ひ》の当《あ》たるところが好《す》きではありません。
教室《きょうしつ》のすみで本《ほん》を読《よ》んでいるのが好《す》きです。
そのせいか、弱々《よわよわ》しく思《おも》われることもありますが、
そんなことはありません。雑草《ざっそう》の中《なか》でも強《つよ》いほうだと思《おも》っています。
晴《は》れ舞台《ぶたい》に立《た》つほうではありませんが、
地道《じみち》にしっかりと努力《どりょく》できるところが、僕《ぼく》の長所《ちょうしょ》です。

担任から

ツユクサさんは朝《あさ》は元気《げんき》に咲《さ》いていますが、
昼《ひる》になるころにはすっかりしぼんでしまいます。そのため、
はかない印象《いんしょう》や繊細《せんさい》なイメージがあるようです。
しかし、次《つぎ》の日《ひ》も次《つぎ》の日《ひ》も花《はな》を咲《さ》かせますし、
抜《ぬ》かれても、切《き》られても、茎《くき》から根《ね》っこを出《だ》して
再生《さいせい》するたくましさを持《も》っています。
ふだんはおとなしいですが、調子《ちょうし》にのると
手《て》がつけられない一面《いちめん》も持《も》っています。
ほかの雑草《ざっそう》たちとはノリが合《あ》わないのでしょうか。別《べつ》の場所《ばしょ》に
生《は》えて、やや浮《う》いてしまうこともあるようです。

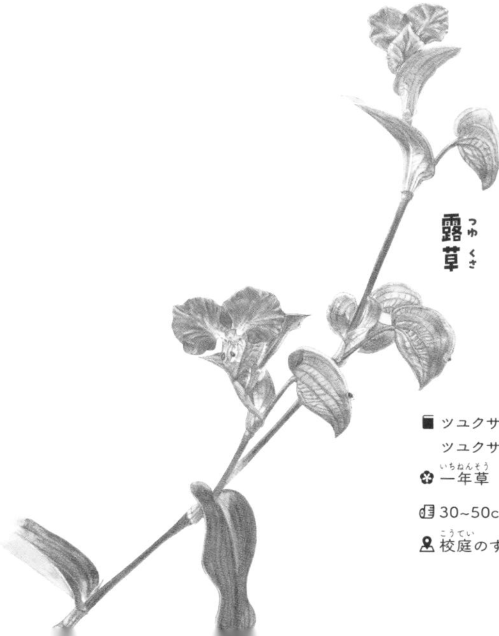

露草《つゆくさ》

- ツユクサ科《か》
  ツユクサ属《ぞく》
- 一年草《いちねんそう》
- 30~50cm程度《ていど》
- 校庭《こうてい》のすみ、道《みち》ばた、公園《こうえん》

Digitaria ciliaris

メヒシバ

私《わたし》は友《とも》だちと群《む》れるのが大好《だいす》き。

いつもつるんで、からまりあっている。

気《き》づけば、どこでも生《は》えて群《むら》がっちゃうよ。

学校《がっこう》では生《は》えている場所《ばしょ》は限《かぎ》られているけれど、

学校帰《がっこうがえ》りの道《みち》ばたでは、あちこちに生《は》えている。

もともと、学校《がっこう》とかに生《は》えるタイプじゃ

ないんだよね〜。

担任から

彼女《かのじょ》は、踏《ふ》まれることにとても強《つよ》いわけではないけれど、
そこそこ強《つよ》い。草《くさ》刈《か》りされたり、耕《たがや》されたりすることに
とても強《つよ》いわけではないけれど、そこそこ強《つよ》い……。
そのため、人間《にんげん》の子《こ》どもたちが遊《あそ》んでいる校庭《こうてい》のすみや、
一生懸命《いっしょうけんめい》に草花《くさばな》を育《そだ》てている
学校《がっこう》花壇《かだん》のすみなどがメヒシバさんの居場所《いばしょ》です。
茎《くき》がとてもしなやかで、
踏《ふ》まれても茎《くき》が折《お》れることはありません。
また、草《くさ》刈《か》りされたり、耕《たがや》されたりして、
茎《くき》がちぎれると、
茎《くき》の節《ふし》から根《ね》っこを出《だ》して
再生《さいせい》します。
このしなやかさが、
彼女《かのじょ》の強《つよ》みの
ようです。

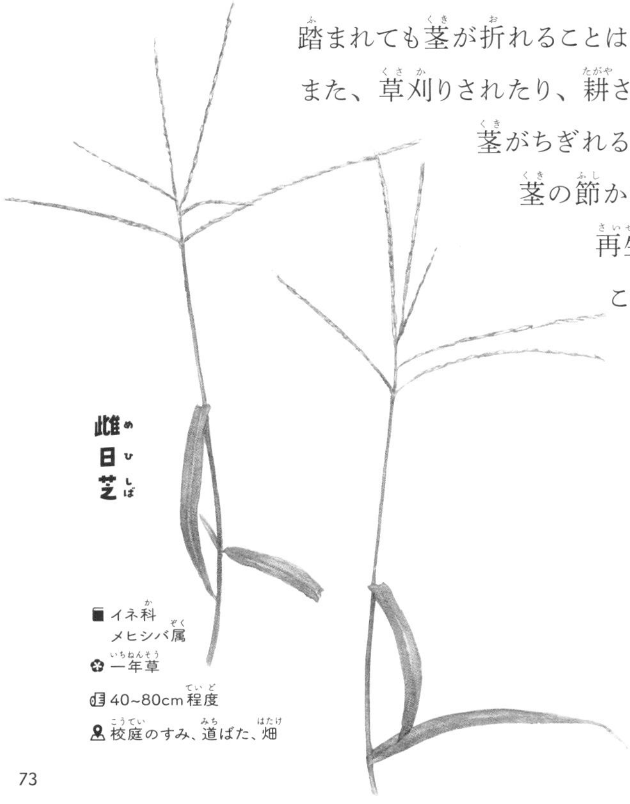

雌《め》日《ひ》芝《しば》

- イネ科《か》
  メヒシバ属《ぞく》
- 一年草《いちねんそう》
- 40~80cm程度《ていど》
- 校庭《こうてい》のすみ、道《みち》ばた、畑《はたけ》

Eleusine indica

オヒシバ

俺《おれ》は力《ちから》持《も》ち。力比《ちからくら》べでは負《ま》けないぞ。
毎日《まいにち》、でかい弁当《べんとう》を持《も》っていって、誰《だれ》よりも練習《れんしゅう》をする。
引《ひ》き抜《ぬ》こうとしても、簡単《かんたん》には抜《ぬ》けないぜ。
まだまだ補欠《ほけつ》で、踏《ふ》まれてばかりいるけれど、
どんなに踏《ふ》まれても絶対《ぜったい》に負《ま》けるもんか。

担任から

校庭《こうてい》の真《ま》ん中《なか》のよく踏《ふ》まれる場所《ばしょ》でも、
這《は》いつくばって頑張《がんば》っています。
誰《だれ》よりも根性《こんじょう》のある雑草《ざっそう》です。
あだ名《な》は「力草《ちからぐさ》」。
なかなか抜《ぬ》けないことから、そう呼《よ》ばれています。
ただ、生《は》えている場所《ばしょ》によっては、
意外《いがい》と簡単《かんたん》に抜《ぬ》けてしまうようです。
メヒシバさんなど
女子《じょし》といっしょに生《は》えているところも見《み》かけますが、
どうもメヒシバさんたちといっしょにいるのは苦手《にがて》そう。
校庭《こうてい》のすみにも生《は》えますが、
草刈《くさか》りされて茎《くき》がポキンと折《お》れると、
意外《いがい》とダメになってしまうようです。
強《つよ》そうに見《み》えますが、
きっと繊細《せんさい》で弱《よわ》い一面《いちめん》も
あるんですね。

雄《お》日《ひ》芝《しば》

- イネ科《か》 オヒシバ属《ぞく》
- 一年草《いちねんそう》
- 30~60cm 程度《ていど》
- 校庭《こうてい》の中《なか》、道《みち》ばた、公園《こうえん》

Poa annua

スズメノカタビラ

俺《おれ》らは校庭《こうてい》が活躍《かつやく》の場《ば》。
乾《かわ》いた場所《ばしょ》でも、踏《ふ》まれる場所《ばしょ》でも負《ま》けないぜ。
どんな環境《かんきょう》だって、穂《ほ》を出《だ》して、タネを残《のこ》す。
それが俺《おれ》らの真骨頂《しんこっちょう》なんだ。

雀《すずめ》の帷子《かたびら》

- イネ科《か》
  イチゴツナギ属《ぞく》
- 一年草《いちねんそう》、越年草《えつねんそう》
- 10~30cm程度《ていど》
- 校庭《こうてい》の中《なか》、道《みち》ばた

担任から

ほかの雑草《ざっそう》が生《は》えないような校庭《こうてい》の中《なか》など
どんな場所《ばしょ》でも生《は》えることができるのが彼《かれ》らの強《つよ》みです。
ほかの場所《ばしょ》では、茎《くき》や葉《は》っぱもやわらかく、ゆったりと
生長《せいちょう》する印象《いんしょう》ですが、校庭《こうてい》の中《なか》では体《からだ》を小《ちい》さくして、
茎《くき》や葉《は》っぱを固《かた》くし、地《じ》べたに這《は》いつくばって踏《ふ》まれることに
強《つよ》い体勢《たいせい》で頑張《がんば》っています。生《は》える場所《ばしょ》によって
スタイルを変《か》えることができるところが、すごいです。
春《はる》から秋《あき》にはスズメノカタビラさんが
活躍《かつやく》しているのに対《たい》して、
夏《なつ》から冬《ふゆ》にかけてコスズメガヤさんが
活躍《かつやく》する印象《いんしょう》があります。

小雀茅《こすずめがや》

- イネ科《か》
  スズメガヤ属《ぞく》
- 一年草《いちねんそう》
- 10~35cm程度《ていど》
- 校庭《こうてい》の中《なか》、道《みち》ばた、空《あ》き地《ち》

Eragrostis minor

コスズメガヤ

Portulaca oleracea

スベリヒユ

俺《おれ》は暑《あつ》い夏《なつ》が好《す》きだ！
燃《も》えるような夏《なつ》の太陽《たいよう》が俺《おれ》を熱《あつ》くする！！
夏《なつ》の暑《あつ》さで枯《か》れるようじゃ困《こま》る！
水《みず》なんかなくたって、夏《なつ》の暑《あつ》さは乗《の》り切《き》れる！
とにかく気《き》合《あ》いと根性《こんじょう》だ！！！！

担任から

彼《かれ》は夏《なつ》の暑《あつ》さにも負《ま》けることのない強《つよ》さを持《も》っています。
もっとも、気《き》合《あ》いと根性《こんじょう》だけではなく、サボテンと同《おな》じ
特別《とくべつ》な光合成《こうごうせい》システムを持《も》っていることも理由《りゆう》のひとつです。
体育会系《たいいくかいけい》の力強《ちからづよ》さですが、花《はな》は意外《いがい》とかわいらしいです。
妹《いもうと》さんの影響《えいきょう》でしょうか、カバンにキーホルダーがついて
いたり、家《いえ》ではベッドにぬいぐるみを置《お》いていたりという
かわいらしい一面《いちめん》もあるようです。
昔《むかし》は、日照《ひで》りで植物《しょくぶつ》が育《そだ》たないときには、
「救荒食《きゅうこうしょく》」として人々《ひとびと》から頼《たよ》りにされていました。
いざというときは
頼《たの》もしい存在《そんざい》です。

滑《すべ》り莧《ひゆ》

- スベリヒユ科《か》
  スベリヒユ属《ぞく》
- 一年草《いちねんそう》
- 15~30cm程度《ていど》
- 校庭《こうてい》のすみ、道《みち》ばた、空《あ》き地《ち》

Paederia foetida

ヘクソカズラ

みんながあたしのこと、見《み》た目《め》はかわいいけど
クサいとか、近《ちか》づきたくないって言《い》ってるの、
知《し》ってるよ。ほんとサイテー。
でも気《き》にしてない。
だって、あたしはあたしが
いちばんかわいいって知《し》ってるもん。

担任から

彼女《かのじょ》の姿《すがた》は、日《ひ》の当《あ》たらない校庭《こうてい》のフェンスで

よく見《み》かけます。ヘクソカズラは「屁糞蔓《へくそかずら》」。

屁《へ》（おなら）や糞《ふん》のように臭《くさ》いことから、そう名《な》づけられました。

まるで悪口《わるぐち》ですが、図鑑《ずかん》にのっている正式《せいしき》な名前《なまえ》です。

ヘクソカズラの臭《くさ》いにおいは、害虫《がいちゅう》から身《み》を守《まも》る

ためのもの。身《み》を守《まも》ることはとても大切《たいせつ》なことですから、

悪口《わるぐち》に負《ま》けないでください。

そのにおいも彼女《かのじょ》の個性《こせい》です。

そのおかげで彼女《かのじょ》の名前《なまえ》を

覚《おぼ》える人《ひと》も多《おお》いようです。

花《はな》はとてもきれいで、

「早乙女花《さおとめばな》」という別名《べつめい》もあり、

美《うつく》しい乙女《おとめ》だと、

みんなわかっているのです。

屁糞蔓《へくそかずら》

アカネ科《か》
ヘクソカズラ属《ぞく》

多年草《たねんそう》

つる性《せい》で長《なが》く伸《の》びる

校庭《こうてい》のフェンス、公園《こうえん》

Crassocephalum crepidioides

ベニバナボロギク

私《わたし》は「ボロギク」と
呼《よ》ばれています。
とても引《ひ》っ込《こ》み思案《じあん》です……。
何事《なにごと》にも自信《じしん》がなくて、
どうしてもうつむいて咲《さ》いてしまいます。
まっすぐに上《うえ》を向《む》いて咲《さ》いている
ダンドボロギクさんが、
とってもうらやましいです。

Erechtites hieraciifolius

**ダンド
ボロギク**

担任から

日《ひ》の当《あ》たらない校庭《こうてい》のすみで、ベニバナボロギクさんを
見《み》かけます。いつも自信《じしん》なさげにうつむいて咲《さ》いていますが、
紅色《べにいろ》の花《はな》はなかなかきれいですよ。
みんなからは「ボロギク」と呼《よ》ばれていますが、
それは花《はな》が終《お》わって綿毛《わたげ》になったようすが、
「布《ぬの》のボロ」に似《に》ているからだそうです。
学校《がっこう》の外《そと》の、たとえば森《もり》の木《き》を切《き》った跡地《あとち》では、
飛《と》んできた綿毛《わたげ》が、どの草《くさ》よりも早《はや》く芽《め》を出《だ》してくることから
「パイオニア」と呼《よ》ばれ、積極的《せっきょくてき》な一面《いちめん》もあるのです。
彼女《かのじょ》も、きっと将来《しょうらい》は
大《おお》きく飛躍《ひやく》することでしょう。

紅花襤褸菊《べにばなぼろぎく》

- キク科《か》
  ベニバナボロギク属《ぞく》
- 一年草《いちねんそう》
- 50~120cm 程度《ていど》
- 校庭《こうてい》のすみ、
  道《みち》ばた、山野《さんや》

段戸襤褸菊《だんどぼろぎく》

- キク科《か》
  タケダグサ属《ぞく》
- 一年草《いちねんそう》
- 30~150cm 程度《ていど》
- 校庭《こうてい》のすみ、
  道《みち》ばた、山野《さんや》

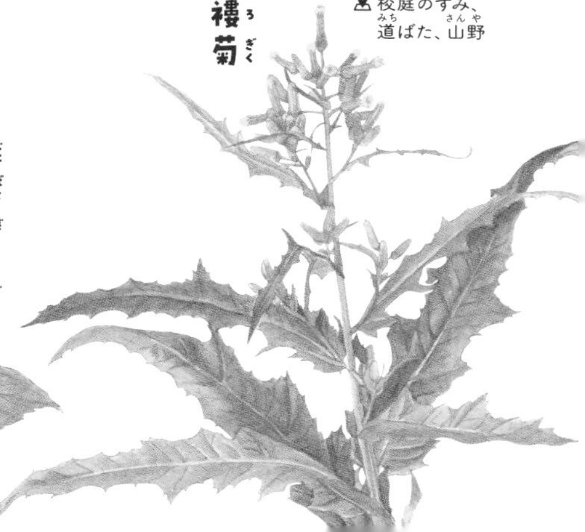

Erigeron canadensis

ヒメムカシヨモギ

私《わたし》の別名《べつめい》は「鉄道草《てつどうぐさ》」。
鉄道《てつどう》好《ず》きのいわゆる「鉄道《てつどう》マニア」。
鉄道《てつどう》マニアには、
鉄道《てつどう》の写真《しゃしん》を撮《と》る「撮《と》り鉄《てつ》」や
鉄道《てつどう》に乗《の》る「乗《の》り鉄《てつ》」などがあるけれど、
私《わたし》は鉄道《てつどう》といっしょに
飛《と》ぶのが好《す》きな
「飛《と》び鉄《てつ》」かな。

Erigeron sumatrensis

オオアレチノギク

担任から

ヒメムカシヨモギさんは背《せ》が高《たか》く、
先生《せんせい》から見《み》るととても目立《めだ》つ存在《そんざい》ですが、
意外《いがい》と名前《なまえ》が知《し》られていません。
彼女《かのじょ》のルーツは、北米《ほくべい》にあるようです。
小《ち》さな種子《しゅし》が風《かぜ》で移動《いどう》するので、
明治維新《めいじいしん》で鉄道《てつどう》が各地《かくち》に敷《し》かれるようになると、
汽車《きしゃ》の走《はし》る風《かぜ》に乗《の》って、タネが運《はこ》ばれていったそうです。
鉄道《てつどう》の広《ひろ》がりといっしょに、
全国《ぜんこく》に広《ひろ》がっていったことから、
昔《むかし》から「鉄道草《てつどうぐさ》」と呼《よ》ばれています。
先祖代々《せんぞだいだい》、根《ね》っからの
鉄道好《てつどうず》きの家系《かけい》なんですね。
よく似《に》たオオアレチノギクさんは、
南米《なんべい》生《う》まれです。

大《おお》荒《あれ》地《ち》野《の》菊《ぎく》

- キク科《か》
  ムカシヨモギ属《ぞく》
- 越年草《えつねんそう》
- 60~150cm程度《ていど》
- 校庭《こうてい》のすみ、
  道《みち》ばた、線路際《せんろぎわ》

姫《ひめ》昔蓬《むかしよもぎ》

- キク科《か》
  ムカシヨモギ属《ぞく》
- 一年草《いちねんそう》、越年草《えつねんそう》
- 1~2m程度《ていど》
- 校庭《こうてい》のすみ、
  道《みち》ばた、線路際《せんろぎわ》

Causonis japonica

ヤブガラシ

あたしは、みんなの嫌《きら》われ者《もの》。
どこに生《は》えても嫌《いや》がられる。
だけど、そんなのかまわない。
嫌《いや》がられたって、
どんどんつるを伸《の》ばしてやるだけさ。

担任から

彼女《かのじょ》はつる植物《しょくぶつ》なので、生長《せいちょう》が速《はや》いのが特徴《とくちょう》です。
そのため、木《き》やフェンスにからみながら
あっという間《ま》に伸《の》びて生《お》い茂《しげ》ります。
ほかの植物《しょくぶつ》を覆《おお》い尽《つ》くしてヤブさえ枯《か》らしてしまうため
好《す》かれないこともあるようです。
花《はな》は目立《めだ》ちませんが、小《ちい》さなオレンジ色《いろ》の部分《ぶぶん》には、
甘《あま》い蜜《みつ》がたっぷりあるので、ハチやチョウなど
さまざまな虫《むし》たちに人気《にんき》があります。
また、葉《は》っぱの裏《うら》に真珠体《しんじゅたい》という美《うつく》しい玉《たま》を
隠《かく》し持《も》っていることを、先生《せんせい》は知《し》っていますよ。

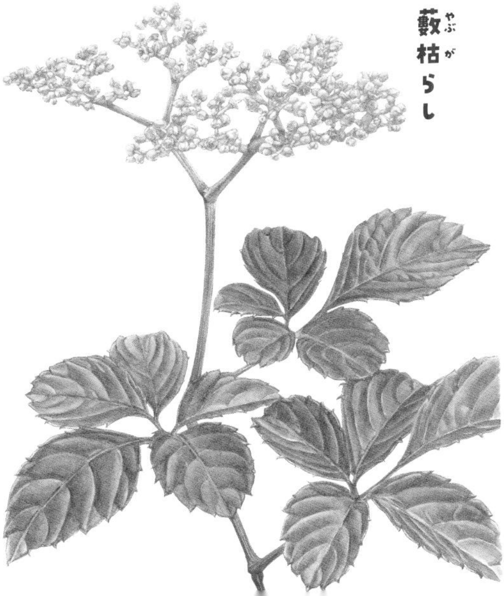

藪《やぶ》枯《が》らし

- ブドウ科《か》 ヤブガラシ属《ぞく》
- 多年草《たねんそう》
- つる性《せい》で長《なが》く伸《の》びる
- 校庭《こうてい》のフェンス、公園《こうえん》、荒《あ》れ地《ち》

星《ほし》朝《あさ》顔《がお》

- ヒルガオ科《か》
  サツマイモ属《ぞく》
- 一年草《いちねんそう》
- つる性《せい》で長《なが》く伸《の》びる
- 校庭《こうてい》のフェンス、
  道《みち》ばた

Ipomoea coccinea

マルバルコウ

Ipomoea triloba

ホシアサガオ

同《おな》じ仲間《なかま》のアサガオは
人間《にんげん》に大切《たいせつ》に育《そだ》てられてるけど
僕《ぼく》たちはそうじゃないみたい。
校庭《こうてい》のフェンスで
思《おも》い切《き》り遊《あそ》んで
目立《めだ》っちゃおうかな！

丸《まる》葉《ば》縷《る》紅《こう》

- ヒルガオ科《か》
  サツマイモ属《ぞく》
- 一年草《いちねんそう》
- つる性《せい》で長《なが》く伸《の》びる
- 校庭《こうてい》のフェンス、道《みち》ばた

担任から

Ipomoea lacunosa

マメアサガオ

彼《かれ》らは、校庭《こうてい》のまわりのフェンスなどがお気《き》に入《い》りで、よくからみついて、遊《あそ》んでいます。ホシアサガオさんはとても元気《げんき》が良《よ》く、少《すこ》し落《お》ち着《つ》きがない感《かん》じでしょうか。花《はな》の中心部《ちゅうしんぶ》の色《いろ》が濃《こ》いのが特徴《とくちょう》です。マメアサガオさんはおとなしくて、いつもニコニコしている感《かん》じです。マルバルコウさんは、一《いっ》見《けん》するとアサガオの仲《なか》間《ま》に見《み》えませんが、鮮《あざ》やかなオレンジ色《いろ》の花《はな》がとても個性的《こせいてき》です。

豆《まめ》朝《あさ》顔《がお》

- ヒルガオ科《か》 サツマイモ属《ぞく》
- 一年草《いちねんそう》
- つる性《せい》で長《なが》く伸《の》びる
- 校庭《こうてい》のフェンス、道《みち》ばた

Calystegia pubescens

ヒルガオ

自分《じぶん》は、アサガオに似《に》ています。
「ヒルガオ」と呼《よ》ばれていますが、朝早《あさはや》くから咲《さ》いています。
もちろん昼《ひる》も咲《さ》いています。朝涼《あさすず》しいときだけでなく、
暑《あつ》い昼《ひる》の間《あいだ》もずっと咲《さ》いているほうが
花《はな》としては正《ただ》しいと思《おも》いませんか？

担任から

ヒルガオさんは、フェンスで遊《あそ》ぶ外来《がいらい》アサガオの仲間《なかま》にも似《に》ていますが、彼《かれ》らより少《すこ》し年上《としうえ》のような雰囲気《ふんいき》です。アサガオは昔《むかし》、中国《ちゅうごく》から日本《にほん》に園芸植物《えんげいしょくぶつ》として伝《つた》わりましたがもともと日本《にほん》にあったのは、ヒルガオさんの祖先《そせん》だったらしく、植物《しょくぶつ》の分類《ぶんるい》も、アサガオの仲間《なかま》は「ヒルガオ科《か》」というのでもとは、ヒルガオさんのほうが本家《ほんけ》だったということでしょう。几帳面《きちょうめん》で規則正《きそくただ》しい生活《せいかつ》ができているという感《かん》じです。また、アサガオは秋《あき》には枯《か》れてしまいますが、ヒルガオさんは地面《じめん》の下《した》に伸《の》ばした地下茎《ちかけい》で冬《ふゆ》を越《こ》すので、年々生長《ねんねんせいちょう》します。一度生《いちどは》えると、なかなか大変《たいへん》な雑草《ざっそう》かもしれませんね。

昼《ひる》顔《がお》

ヒルガオ科《か》
ヒルガオ属《ぞく》

多年草《たねんそう》

つる性《せい》で長《なが》く伸《の》びる

校庭《こうてい》のフェンス、道《みち》ばた、線路際《せんろぎわ》

Pennisetum alopecuroides

チカラシバ

俺《おれ》は「力芝《ちからしば》」。

とにかく力《ちから》じまん。

綱《つな》引《ひ》きだったら、一番《いちばん》後《うし》ろで一歩《いっぽ》も引《ひ》かせないぜ。

とにかくこの世《よ》は力《ちから》がすべて。

パワー！

担任から

彼《かれ》はとにかく力《ちから》じまん。何事《なにごと》も力《ちから》まかせな感《かん》じです。
根《ね》っこをしっかり大地《だいち》に張《は》っているので、
引《ひ》っこ抜《ぬ》くこともできませんし、茎《くき》も頑丈《がんじょう》で、
引《ひ》きちぎることもできません。とても強《つよ》い雑草《ざっそう》です。
それなのに、ほかのイネ科《か》の雑草《ざっそう》に比《くら》べると、
あまりたくさん生《は》えていませんし、
そんなに広《ひろ》がっていきません。
校庭《こうてい》のすみのほうでときどき、見《み》かけるくらいです。
どうしてなのでしょう？
きっとチカラシバさんにも、弱《よわ》いところがあるのでしょうね。

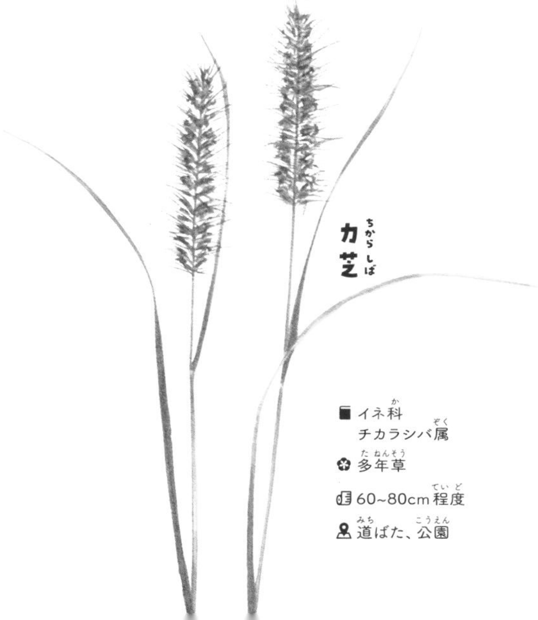

力芝《ちからしば》

- イネ科《か》 チカラシバ属《ぞく》
- 多年草《たねんそう》
- 60~80cm程度《ていど》
- 道《みち》ばた、公園《こうえん》

Talinum paniculatum

ハゼラン

わたしは3時《じ》が大好《だいす》き！
なぜって、3時《じ》はおやつの時間《じかん》だから。
3時《じ》が近《ちか》づいてくるとそわそわしてしまう。
そして、3時《じ》が終《お》わると、
とってもさみしいの。

担任
から

彼女《かのじょ》は、学校《がっこう》ではあまり見《み》かけません。
どちらかというと通学路《つうがくろ》で姿《すがた》を見《み》かけます。
一日《いちにち》の中《なか》で開花《かいか》している時間《じかん》が短《みじか》く
午前中《ごぜんちゅう》はあまり元気《げんき》がないようですが、
3時《じ》になるとイキイキと花《はな》を咲《さ》かせます。
そのため、
みんなからは「三時草《さんじそう》」と
呼《よ》ばれているようです。
葉《は》っぱは比較的肉厚《ひかくてきにくあつ》で、
分岐《ぶんき》した枝《えだ》の先《さき》についた花《はな》は、
小《ちい》さいけれど線香花火《せんこうはなび》のようで
とてもきれいですね。
そのため「花火草《はなびぐさ》」という
別名《べつめい》もあるようです。

爆《はぜ》蘭《らん》

ハゼラン科《か》
ハゼラン属《ぞく》
多年草《たねんそう》
15～80cm程度《ていど》
道《みち》ばた、石垣《いしがき》

コラム

雑草《ざっそう》の名前《なまえ》は覚《おぼ》えたほうがいいの？

名前《なまえ》を知《し》っているクラスメイトとは、友《とも》だちになりやすいです。でも、名前《なまえ》を知《し》っていても友《とも》だちにならないクラスメイトもいます。本当《ほんとう》はどんな人《ひと》なのか、よくわからないクラスメイトもいます。名前《なまえ》を知《し》っていると仲良《なかよ》くなりやすいですが、名前《なまえ》を知《し》っているだけではダメなのです。雑草《ざっそう》も同《おな》じです。名《な》前《まえ》を覚《おぼ》えたからといって、その雑草《ざっそう》と仲良《なかよ》くなれるわけではありません。

その反対《はんたい》に、学校外《がっこうがい》の活動《かつどう》に参加《さんか》したときに、名前《なまえ》もよく知《し》らないほかの学校《がっこう》の人《ひと》と仲《なか》良《よ》くなることもあります。名《な》前《まえ》を知《し》らなくても、仲良《なかよ》くなることはできるのです。図鑑《ずかん》では同《おな》じ名前《なまえ》の雑草《ざっそう》も、生《は》える場所《ばしょ》によって生《は》えかたがちがうことがあります。性格《せいかく》もちがうことがあります。

あなたが見《み》つけた雑草《ざっそう》はどんな生《は》えかたをしていますか？　どんな特徴《とくちょう》があるでしょうか？　図鑑《ずかん》で名前《なまえ》を調《しら》べて覚《おぼ》えることも大切《たいせつ》ですが、その雑草《ざっそう》がどんなふうに生《は》えているのか、実際《じっさい》に観察《かんさつ》してみることも大切《たいせつ》です。名前《なまえ》を知《し》らなくても、その雑草《ざっそう》のことを知《し》ることで仲良《なかよ》くなることはできるのです。

友《とも》だちも本名《ほんみょう》でなく、ニックネームで呼《よ》ぶことがあります。名前《なまえ》がわからない雑草《ざっそう》には、親《した》しみやすいニックネームをつけてあげてもいいですね。

秋《あき》のクラスメイトたち

Persicaria longiseta

イヌタデ

みんなは「蓼《たで》」って知《し》ってる？
辛《から》みのある薬味《やくみ》なんだけど、私《わたし》はその「蓼《たで》」の仲間《なかま》。
タデ科《か》の植物《しょくぶつ》は地味《じみ》なのが多《おお》いけど、私《わたし》はイヤ。
やっぱり、花《はな》はハデじゃないとね。

担任から

お刺身《さしみ》の近《ちか》くに添《そ》えられる「つま」に使《つか》われる薬味《やくみ》は
ヤナギタデという雑草《ざっそう》の栽培種《さいばいしゅ》です。
イヌタデさんはタデ科《か》の植物《しょくぶつ》ですが、
じつは辛《から》みがありません。
人間用《にんげんよう》のタデのように
辛《から》くないので「イヌタデ」と呼《よ》ばれているようです。
薬味《やくみ》には使《つか》われませんが、人間《にんげん》の子《こ》どもたちは
ピンク色《いろ》の花《はな》を赤飯《せきはん》に見《み》立《た》てて
ままごとに使《つか》うようです。
先生《せんせい》から見《み》ると、
とってもかわいらしい花《はな》です。
花言葉《はなことば》が
「あなたの役《やく》に立《た》ちたい」
であることを
先生《せんせい》は知《し》っていますよ。

犬《いぬ》蓼《たで》

- タデ科《か》
  イヌタデ属《ぞく》
- 一年草《いちねんそう》
- 20~50cm 程度《ていど》
- 道《みち》ばた、公園《こうえん》

Hylodesmum podocarpum

ヌスビトハギ

私《わたし》はマメ科植物《かしょくぶつ》の仲間《なかま》です。
目立《めだ》たないと言《い》われることもあります。
タネの入《はい》った莢《さや》が
そーっと誰《だれ》かの服《ふく》にくっついていきます。
私《わたし》は、誰《だれ》かにくっついていくのが
好《す》きなんです。

担任から

彼女《かのじょ》は、意外《いがい》と背《せ》が高《たか》くすらっとした姿《すがた》です。
ただ、人見知《ひとみし》りなのか、いつも校舎《こうしゃ》の裏《うら》や、
木立《こだち》の陰《かげ》のような日《ひ》の当《あ》たらないところにいて
秋《あき》の七草《ななくさ》のハギと同《おな》じような花《はな》を咲《さ》かせています。
マメ科《か》植物《しょくぶつ》なので、エンドウやエダマメと同《おな》じような莢《さや》を
つけますが、少《すこ》しちがうのは、莢《さや》に切《き》れ目《め》が入《はい》っていて
ひとつひとつが離《はな》れるようになっており
気《き》がつくと、タネが誰《だれ》かにくっつくことです。
人《ひと》の服《ふく》にくっつく種子《しゅし》を
「くっつき虫《むし》」と呼《よ》びますが、
彼女《かのじょ》もしっかり
「くっつき虫《むし》」なんですね。

盗《ぬす》人《びと》萩《はぎ》

- マメ科《か》 ヌスビトハギ属《ぞく》
- 多年草《たねんそう》
- 60~100cm程度《ていど》
- 道《みち》ばた、校舎《こうしゃ》の裏《うら》、木立《こだち》の陰《かげ》

Lycoris radiata

ヒガンバナ

あたしは、オカルトが大好《だいす》き。
占《うらな》いとかも大好《だいす》き。お寺《てら》やお墓《はか》とかにも
よく行《い》ってる。だから、みんなからちょっと
怖《こわ》がられてるかもね。だけど、あたしは美《うつく》しい花《はな》だと思《おも》ってる。
だって、妖《あや》しさも美《うつく》しさのうちだと思《おも》うから。
みんなはどう思《おも》う？

担任から

彼女《かのじょ》は、なんとなく不思議《ふしぎ》なベールに包《つつ》まれています。
美《うつく》しい花《はな》でチョウを呼《よ》び寄《よ》せることもありますが
お寺《てら》やお墓《はか》などに生《は》えるので、
気味悪《きみわる》がられることもあります。
ですが彼女《かのじょ》は根《ね》っこで地面《じめん》が崩《くず》れるのを防《ふせ》いだり、
毒抜《どくぬ》きされた球根《きゅうこん》が、いざというときの
食糧《しょくりょう》になったりしました。
そのため、お寺《てら》やお墓《はか》など大切《たいせつ》な場所《ばしょ》に
植《う》えられたのだと聞《き》いています。
「紅《あか》い花《はな》」を表《あらわ》す「曼珠沙華《まんじゅしゃげ》」という別名《べつめい》もあります。

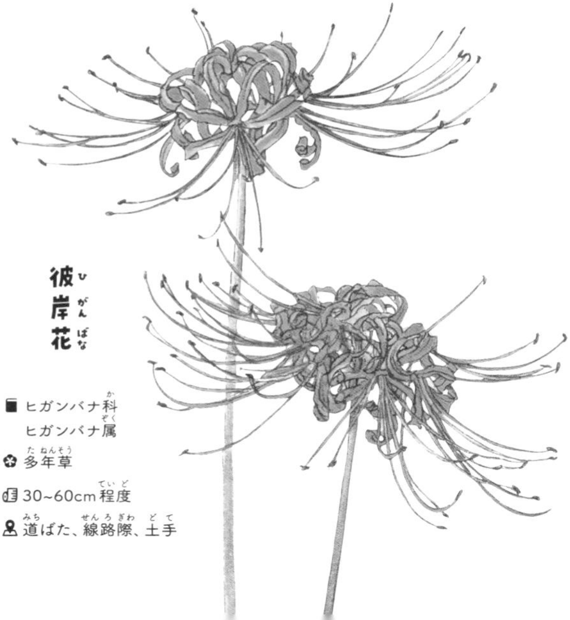

彼《ひ》岸《がん》花《ばな》

ヒガンバナ科《か》
ヒガンバナ属《ぞく》
多年草《たねんそう》
30~60cm程度《ていど》
道《みち》ばた、線路際《せんろぎわ》、土手《どて》

Bidens pilosa

コセンダングサ

ボクは少《すこ》しとがっている。
そしてみんなから「強《つよ》い者《もの》にこびを売《う》っている」って言《い》われる。
強《つよ》い者《もの》にくっついて行動《こうどう》するかららしい。
くっつきすぎて、ウザがられることもあるけれど、
それでもくっついていくのが、ボクちゃんの信条《しんじょう》なのさ。

担任から

彼《かれ》は「くっつき虫《むし》」と呼《よ》ばれています。
公園《こうえん》などで遊《あそ》ぶ人間《にんげん》の子《こ》どもたちの服《ふく》に
知《し》らない間《あいだ》にくっついているからです。
でも、それが彼《かれ》の生《い》きる戦略《せんりゃく》です。
植物《しょくぶつ》は自由《じゆう》に動《うご》くことができません。
誰《だれ》かにくっついてタネを移動《いどう》させることは、
立派《りっぱ》な戦略《せんりゃく》です。でも誰《だれ》かの服《ふく》にくっつきすぎて
びっくりされることも、よくあるようです。
コセンダングサさんのような存在《そんざい》は、
昔《むかし》は「腰《こし》ぎんちゃく」と呼《よ》ばれたようですよ。

小栴檀草《こせんだんぐさ》

- キク科《か》
  センダングサ属《ぞく》
- 一年草《いちねんそう》
- 50~100cm程度《ていど》
- 道《みち》ばた、公園《こうえん》、荒《あ》れ地《ち》

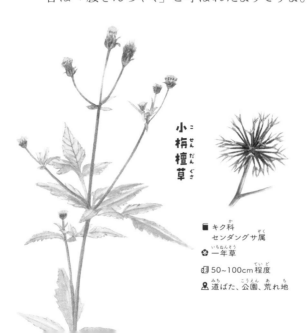

Solidago altissima

セイタカアワダチソウ

ミーはUSAからの転校生《てんこうせい》。
なめられちゃいけないと思《おも》って、
ポイズン吐《は》いていたらまわりのプラントが
どんどんいなくなって、気《き》づけばロンリー。
USAではベリーポピュラーだったのに。

担任から

彼《かれ》は、根《ね》っこからほかの植物《しょくぶつ》を攻撃《こうげき》するアレロパシー物質《ぶっしつ》を出《だ》します。日本《にほん》の植物《しょくぶつ》は、この物質《ぶっしつ》が未経験《みけいけん》だったために駆逐《くちく》されてしまいました。しかし、まわりの植物《しょくぶつ》がなくなってしまうことは彼《かれ》にとっても未経験《みけいけん》のことだったようです。
まわりに植物《しょくぶつ》がないので、自分《じぶん》の毒《どく》でやられてしまう自家《じか》中毒《ちゅうどく》を起《お》こしてしまい、最初《さいしょ》のころの勢《いきお》いはないようです。
また、最近《さいきん》では日本《にほん》の植物《しょくぶつ》も耐性《たいせい》がついてきたのか、ほかの植物《しょくぶつ》に交《ま》じって生《は》えていることも多《おお》くなりました。
アメリカでは、秋《あき》の野《の》の花《はな》として愛《あい》されていたので、早《はや》く本来《ほんらい》の姿《すがた》を取《と》り戻《もど》せるといいですね。

背《せい》高《たか》泡《あわ》立《だち》草《そう》

- キク科《か》
  アキノキリンソウ属《ぞく》
- 多年草《たねんそう》
- 2~3m程度《ていど》
- 道《みち》ばた、線路際《せんろぎわ》、空《あ》き地《ち》

Miscanthus sinensis

ススキ

僕《ぼく》は背《せ》も高《たか》いし、風《かぜ》になびく穂《ほ》もさらさらしてる。
見《み》た目《め》は悪《わる》くないと思《おも》うけど、
なぜか、おじいちゃんっぽいって
言《い》われてるみたい。

担任から

彼《かれ》は、おじいちゃん子《こ》なのか、
お年寄《としよ》りっぽい雰囲気《ふんいき》があります。
お月見《つきみ》などの伝統行事《でんとうぎょうじ》や、かやぶき屋根《やね》などに
使《つか》われるせいでしょうか。伝統的《でんとうてき》な暮《く》らしの中《なか》では、
さまざまに利用《りよう》されてきた雑草界《ざっそうかい》の名門《めいもん》です。
日本《にほん》の秋《あき》の風景《ふうけい》にとって大切《たいせつ》な存在《そんざい》でもあります。
ただ、少《すこ》し物静《ものしず》かでミステリアスな雰囲気《ふんいき》があるところも、
おじいちゃんっぽいと言《い》われる理由《りゆう》かもしれません。
葉《は》っぱにはとげがあり、触《さわ》ると肌《はだ》を切《き》ってしまうことが
あるので、近付《ちかづ》くときは気《き》をつけてくださいね。

薄《すすき》

- イネ科《か》ススキ属《ぞく》
- 多年草《たねんそう》
- 1~2m程度《ていど》
- 道《みち》ばた、線路際《せんろぎわ》、空《あ》き地《ち》

Pueraria lobata

クズ

学年主任《がくねんしゅにん》の葛先生《くずせんせい》は、
みんなから「クズ」と
呼《よ》ばれています。
威圧的《いあつてき》で、いばっていて、
ほかの植物《しょくぶつ》たちを圧倒《あっとう》するので、
私《わたし》たち生徒《せいと》はいつも、縮《ちぢ》こまってしまいます。
傍若無人《ぼうじゃくぶじん》な振《ふ》る舞《ま》いで、
みんなから好《す》かれていないみたいです。
「昔《むかし》はすごかった」という
うわさを聞《き》いたことがありますが、
本当《ほんとう》ですか？

担任から

ぶどうジュースのにおいがする葛先生《くずせんせい》は、
今《いま》では日本《にほん》だけでなく、外来雑草《がいらいざっそう》としてアメリカに渡《わた》り、
迷惑《めいわく》をかけているという話《はなし》を聞《き》きます。
しかし、葛先生《くずせんせい》が昔《むかし》、すごかったというのは本当《ほんとう》です。
昔《むかし》は、秋《あき》を代表《だいひょう》する野《の》の花《はな》に選《えら》ばれ
くずもちやくず粉《こ》の原料《げんりょう》としても、親《した》しまれていました。
葛先生《くずせんせい》は昔《むかし》も今《いま》も、何《なに》ひとつ変《か》わりません。
もし今《いま》、葛先生《くずせんせい》が嫌《きら》われ者《もの》になっているとしたら、
それはまわりが変《か》わってしまったということなのです。
もう、葛先生《くずせんせい》のことをクズ呼《よ》ばわりするのは、やめなさい。

葛《くず》

- マメ科《か》
  クズ属《ぞく》
- 多年草《たねんそう》
- つる性《せい》で長《なが》く伸《の》びる
- 道《みち》ばた、線路際《せんろぎわ》、空《あ》き地《ち》

冬《ふゆ》

冬休《ふゆやす》み　～雑草《ざっそう》たちの冬《ふゆ》の過《す》ごしかた～

冷《つめ》たい風《かぜ》が吹《ふ》きすさび、凍《こご》えるような寒《さむ》い冬《ふゆ》。雑草《ざっそう》たちは、どうやって冬《ふゆ》を乗《の》り越《こ》えるのでしょうか。

ヘビやカエルが土《つち》の中《なか》で冬眠《とうみん》をするように、土《つち》の中《なか》は暖《あたた》かくて過《す》ごしやすい環境《かんきょう》です。そのため、多《おお》くの雑草《ざっそう》たちは、種子《しゅし》のまま土《つち》の中《なか》で過《す》ごします。あるいは、球根《きゅうこん》や芋《いも》、地下茎《ちかけい》のような栄養《えいよう》を蓄《たくわ》えた器官《きかん》で土《つち》の中《なか》に潜《ひそ》んでいることもあります。

ところが、です。

こんな厳《きび》しい季節《きせつ》に、葉《は》っぱを広《ひろ》げている雑草《ざっそう》もいます。

タンポポやナズナは茎《くき》を伸《の》ばさずに地面《じめん》に葉《は》っぱだけを広《ひろ》げています。この形《かたち》は、「ロゼット」と呼《よ》ばれています。ロゼットは、寒《さむ》さに耐《た》えながら、光《ひかり》を受《う》ける形《かたち》です。とても優《すぐ》れた形《かたち》らしく、多《おお》くの雑《ざっ》草《そう》がこのロゼットで冬《ふゆ》を過《す》ごしています。

ハコベやオオイヌノフグリのように地面《じめん》の低《ひく》いところで茎《くき》を横《よこ》に伸《の》ばして、寒《さむ》さに耐《た》えながら光《ひかり》を受《う》けている雑草《ざっそう》もいます。

ほかの植物《しょくぶつ》が眠《ねむ》ってしまっている冬《ふゆ》の間《あいだ》も、これらの雑草《ざっそう》は光合《こうごう》成《せい》をして、力《ちから》を蓄《たくわ》えています。そして、暖《あたた》かな春《はる》になって、草木《くさき》が目覚《めざ》めるころ、冬《ふゆ》の間《あいだ》も葉《は》っぱを広《ひろ》げていた雑草《ざっそう》たちは、蓄《たくわ》えていた栄養《えいよう》を使《つか》っていち早《はや》く花《はな》を咲《さ》かせるのです。

わたしたちに春《はる》の訪《おとず》れを教《おし》えてくれる春《はる》の野《の》の花《はな》は、みんな、冬《ふゆ》の間《あいだ》も葉《は》っぱを広《ひろ》げていた雑草《ざっそう》たちなのです。

コラム

雑草《ざっそう》は抜《ぬ》いたら かわいそう？

雑草《ざっそう》と仲良《なかよ》くなった皆《みな》さんは、雑草《ざっそう》は抜《ぬ》いたらかわいそうと思《おも》いますよね。たしかに、雑草《ざっそう》にも命《いのち》はあります。しかし、雑草《ざっそう》を抜《ぬ》かないとどうなるでしょうか？

雑草《ざっそう》を抜《ぬ》かないと、どんどん競争《きょうそう》して強《つよ》い大《おお》きな雑草《ざっそう》が生《は》えてきます。小《ちい》さな弱《よわ》い雑草《ざっそう》は生《は》えることができません。それでも雑草《ざっそう》を抜《ぬ》かないと、やがて木《き》のようなものも生《は》えてきて、やぶのようになってしまうのです。そんな環境《かんきょう》になると、雑草《ざっそう》たちはもう生《は》えることができません。

雑草《ざっそう》は大《おお》きくて強《つよ》い植物《しょくぶつ》には負《ま》けてしまいます。そのため、わざと強《つよ》い植物《しょくぶつ》が生《は》えることのできない場所《ばしょ》に生《は》えています。それが人間《にんげん》に草取《くさと》りされる場所《ばしょ》なのです。草取《くさと》りされる場所《ばしょ》に生《は》える雑草《ざっそう》は、草取《くさと》りされても大丈夫《だいじょうぶ》なように、草取《くさと》りをされる前《まえ》にタネを地《じ》面《めん》にばらまいたり、草取《くさと》りをされた勢《いきお》いでタネをはじき飛《と》ばしたりします。こうして、地面《じめん》の中《なか》にはたくさんの雑草《ざっそう》のタネが用意《ようい》されます。人間《にんげん》が草取《くさと》りをすることで日《ひ》が当《あ》たり、タネが芽《め》生《ば》えて、新《あたら》しい雑草《ざっそう》が生《は》えてくるのです。

雑草《ざっそう》たちは、こうして命《いのち》をつないできました。人間《にんげん》が草取《くさと》りをすることは、雑草《ざっそう》にとって生《は》えやすい環境《かんきょう》を整《ととの》える手伝《てつだ》いにもなっています。だからね、たとえ雑草《ざっそう》のことが好《す》きになったとしても、草《くさ》取《と》りをしていいんです。

おまけ

雑《ざっ》草《そう》と遊《あそ》ぼう

雑《ざっ》草《そう》の伝《でん》説《せつ》をつくろう

すすめかた

1 なんでもいいので、見《み》つけた雑《ざっ》草《そう》をよく観察《かんさつ》しましょう。写真《しゃしん》を撮《と》って観察《かんさつ》してもいいですよ。

2 あなたが見《み》つけた雑草《ざっそう》に勝手《かって》に名前《なまえ》をつけてみましょう。
図鑑《ずかん》などとちがっていて構《かま》いません。

3 その雑草《ざっそう》に伝説《でんせつ》や言《い》い伝《つた》えがあるとしたらそれはどんなものでしょう?
空想《くうそう》をふくらませて、あなたが見《み》つけた伝説《でんせつ》の雑草《ざっそう》を紹介《しょうかい》してみましょう。

○○っぽい雑《ざっ》草《そう》探《さが》しゲーム

すすめかた

1 お題《だい》を決《き》めましょう。
何《なに》かに似《に》ているものでもいいですし、ふわふわとか、かたそう、など雰囲気《ふんいき》で決《き》めてもいいですね。

2 お題《だい》の「○○っぽい」と思《おも》った雑《ざっ》草《そう》を取《と》ってきましょう。
理由《りゆう》はなんでもかまいません。
名前《なまえ》はわからないままでもＯＫです。

3 その草《くさ》を選《えら》んだ理由《りゆう》はなぜでしょう。
みんなで遊《あそ》んでいるなら、お互《たが》いに発表《はっぴょう》しましょう。

ヒント

何人《なんにん》かのグループで探《さが》してみてもいいですね。
「自分《じぶん》っぽい雑草《ざっそう》」を取《と》ってきて、みんなで自己紹介《じこしょうかい》してみるのもおもしろいですよ。
自己紹介《じこしょうかい》は難《むずか》しくても、「自分《じぶん》っぽい雑草《ざっそう》」なら、すらすら紹介《しょうかい》できるかもしれません。

何《なに》が芽《め》を出《だ》す？ ふしぎな植《うえ》木《き》鉢《ばち》ゲーム

すすめかた

1 植木鉢《うえきばち》に花壇《かだん》や校庭《こうてい》の土《つち》を入《い》れて、毎日水《まいにちみず》をやりましょう。

2 そのうち、土《つち》の中《なか》に混《ま》ざっていた何《なに》かのタネから芽《め》が出《で》るかもしれません。

3 もし出《で》てきたら、生長《せいちょう》のようすを観察《かんさつ》しましょう。
花《はな》が咲《さ》くまで観察《かんさつ》するのもいいですね。

ヒント

毎日《まいにち》、水《みず》をやることのできない教室《きょうしつ》は、水《みず》を張《は》った容器《ようき》の上《うえ》に鉢《はち》を置《お》いて、下《した》から水《みず》を吸《す》わせてみましょう。（「底面灌水《ていめんかんすい》」という方法《ほうほう》です。）
雑草《ざっそう》のタネは、長《なが》いものでは何十年《なんじゅうねん》も土《つち》の中《なか》で芽《め》を出《だ》すチャンスを待《ま》っているといいます。まるでタイムカプセルですね。
もしかすると、芽《め》を出《だ》したタネも、何年《なんねん》も土《つち》の中《なか》にいたタネだったのかもしれません。

雑《ざっ》草《そう》の写《しゃ》真《しん》にセリフをつけてみよう

すすめかた

1 主人公《しゅじんこう》にしたいと思《おも》う雑草《ざっそう》の、写《しゃ》真《しん》を撮《と》ってきましょう。

2 その写真《しゃしん》に、そのときの雑草《ざっそう》の気《き》持《も》ちを書《か》いてみましょう。
雑草《ざっそう》が生長《せいちょう》するためには、水《みず》と光《ひかり》と土《つち》の栄養《えいよう》が必要《ひつよう》です。
ライバルになる植物《しょくぶつ》がとなりにいたり、踏《ふ》まれたり、草取《くさと》りされたり、さまざまな困難《こんなん》が降《ふ》りかかってくることも。

3 雑草《ざっそう》の気持《きも》ちになって書《か》いてみれば、それが体感《たいかん》できるかもしれません。

ヒント

雑草《ざっそう》の気持《きも》ちで日記《にっき》をつけてもおもしろいかもしれません。雨《あめ》の日《ひ》、曇《くも》りの日《ひ》、晴《は》れの日《ひ》、暑《あつ》い日《ひ》、寒《さむ》い日《ひ》、雑草《ざっそう》はどんな気持《きも》ちで、どんな日々《ひび》を送《おく》っているのでしょうか。
雑草《ざっそう》の気持《きも》ちになって詩《し》を書《か》いてみてもいいですね。

※ 土《つち》や草《くさ》を持《も》って帰《かえ》るときは、取《と》ってもいい場所《ばしょ》のものにしましょう。

「自《じ》分《ぶん》草《そう》」をつくってみよう

もしあなたが雑草《ざっそう》だったら、どんな姿《すがた》になるでしょうか？あなたの好《す》きな葉《は》や茎《くき》、花《はな》の形《かたち》を選《えら》んで、「自分草《じぶんそう》」をつくってみましょう。その絵《え》に色《いろ》をぬってもいいですね。いつ花《はな》が咲《さ》くかや、どんな特徴《とくちょう》があるのかを考《かんが》えてみるのもおもしろいですよ。

1

はじめに茎《くき》を描《えが》こう

好《す》きな長《なが》さの茎《くき》を紙《かみ》に描《えが》きましょう。下《した》の絵《え》からまねしてもいいですよ。

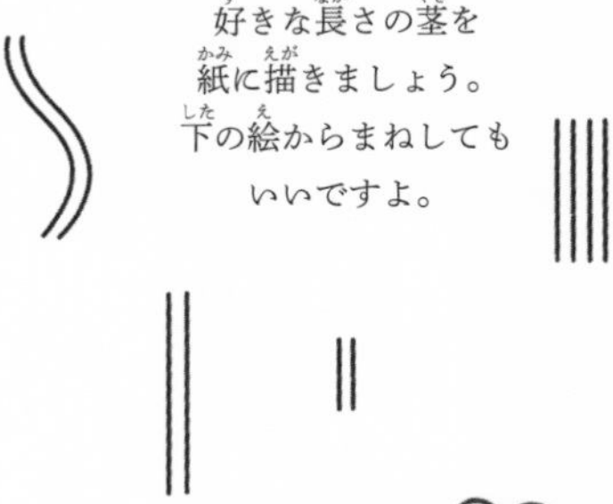

2

葉《は》をつけよう

茎《くき》に好《す》きな形《かたち》の葉《は》を描《えが》きましょう。右《みぎ》の絵《え》からまねしてもいいですよ。葉《は》の大《おお》きさや枚数《まいすう》は、自分《じぶん》で決《き》めてくださいね。

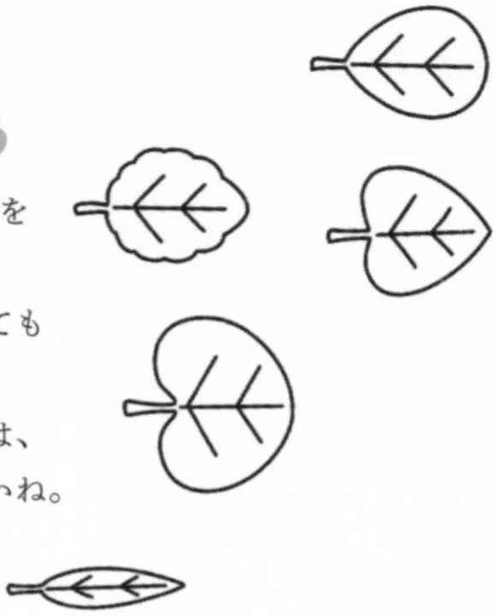

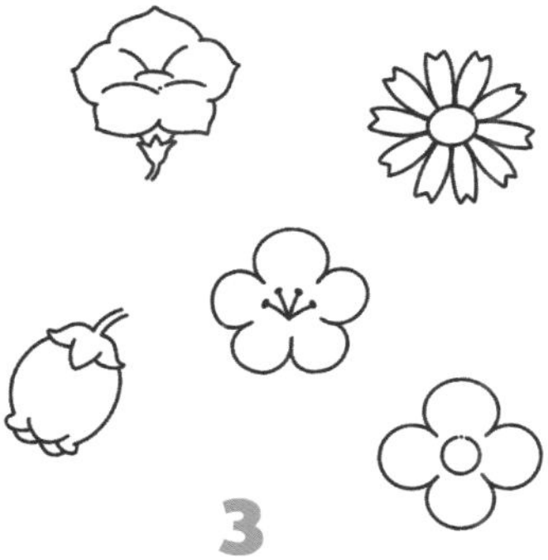

3

花《はな》をつけよう

葉《は》の次《つぎ》は
好《す》きな形《かたち》の花《はな》を描《えが》きましょう。
上《うえ》の絵《え》からまねしても
いいですよ。
花《はな》の大《おお》きさや数《かず》は、
自分《じぶん》で決《き》めてくださいね。

とげや実《み》などを描《か》き足《た》
してもいいですね。

4

地面《じめん》の下《した》も 描《えが》いてみよう

根《ね》なども描《えが》きましょう。

著者
稲垣栄洋
（いながき・ひでひろ）

1968年静岡市生まれ。岡山大学大学院修了。農学博士。
専門は雑草生態学。農林水産省、静岡県農林技術研究所などを経て、現在、静岡大学大学院教授。著書に、『はずれ者が進化をつくる』（ちくまプリマー新書）、『生き物の死にざま』（草思社）などがある。

キャラクターイラスト
はやしうき

三重県在住。2019年よりクライアントワークや個展を開催、イラストレーターとして活動。「どこかレトロ」をテーマにポテッとした子どもたちを描いている。

ボタニカルアート
山根悦子

植物画講師／絵本作家。海外在住経験から植物の生態の面白さにひかれ作家活動を始める。米カーネギーメロン大学にボタニカルアート作品収蔵。
タチイヌノフグリ、オニタビラコ、ヒメジョオン、コスズメガヤ、ホシアサガオ、マメアサガオをのぞくすべてを担当。ムラサキカタバミ、ツユクサ、ヤブガラシ、ヒルガオ、ヨモギは福音館書店月刊かがくのとも2014年7月号折込み付録、ナズナ、ビオラは福音館書店月刊かがくのとも2013年1月号より。

ボタニカルアート
細川留美子

イラストレーター。おもに子ども向け書籍や教材の挿絵を描く。人物画、植物画、風景画など、ジャンルは多岐にわたる。
タチイヌノフグリ、オニタビラコ、ヒメジョオン、コスズメガヤ、ホシアサガオ、マメアサガオを担当。

アートディレクション＆ブックデザイン
辻中浩一
＋
村松亨修（ウフ）

協力
静岡大学雑草学研究室
（岩瀬結子、泉真春、小林佳大、稲子莉奈）

写真資料提供　亀田龍吉
DTP　隈部康浩

本書では、
雑草の姿や生態などの
特徴を著者の視点で
擬人化し表現しています。

もしも雑草がクラスメイトだったら？

キャラクターで特徴がわかる身近な雑草図鑑

2024年3月25日　第1刷発行

著　者　稲垣栄洋
発行人　見城 徹
編集人　中村晃一
編集者　渋沢 瑶

発行所　株式会社 幻冬舎
〒151-0051 東京都渋谷区千駄ヶ谷4-9-7
電話：03（5411）6215（編集）
03（5411）6222（営業）
印刷・製本所　中央精版印刷株式会社
検印廃止

Printed in Japan
ISBN978-4-344-79183-1　C8045

ホームページアドレス
https://www.gentosha-edu.co.jp/

この本に関するご意見・ご感想は、
下記アンケートフォームからお寄せください。
https://www.gentosha.co.jp/e/edu/